放下内心包袱 踏出青春音符

走属于自己的精彩人生路

主编 拾月
编著 冯雪

图书在版编目(CIP)数据

放下内心包袱 踏出青春音符：走属于自己的精彩人生路 / 冯雪编著. -- 北京：现代出版社, 2014.10
ISBN 978-7-5143-2784-7

Ⅰ. ①放… Ⅱ. ①冯… Ⅲ. ①人生哲学 - 青少年读物
Ⅳ. ①B821-49

中国版本图书馆 CIP 数据核字(2014)第 236227 号

放下内心包袱 踏出青春音符：走属于自己的精彩人生路

主　　编　拾　月
编　　著　冯　雪
责任编辑　王敬一
内文制作　诚美天下文化传播有限公司
出版发行　现代出版社
地　　址　北京市安定门外安华里 504 号
邮　　编　100011
电　　话　(010)64267325
传　　真　(010)64245264
邮　　箱　xiandai@cnpitc.com.cn
网　　址　www.1980xd.com
印　　刷　三河市华晨印务有限公司
开　　本　700mmx1000mm　1/16
印　　张　9
版　　次　2014 年 8 月第 1 版第 1 次印刷　　2021 年 4 月第 3 次印刷
书　　号　ISBN 978-7-5143-2784-7
定　　价　29.80 元

前言

青少年是社会的宝贵财富，是人类的希望和未来，正所谓“少年强则国强”。为此，大至一个国家、一个民族，小至一个家庭、一个家族，都特别重视青少年的教育问题。希望他们成为社会的中坚，家族的骄傲。一句话，就是希望他们成为成功的人。于国，能成为有用的人才；于家，能成为顶梁柱。不仅仅要学习好，还要有辨别人世间善、恶、美、丑的能力。在每个人的人生中，除了需要自身的因素之外，还需要拥有感受世界的能力。

包容、快乐，是旅途之中的包囊，时刻给予我们心灵的养分。

自责、抚慰，是对那些过往的积淀、筛选，去其糟粕，取其精华。

简约、坚持，是对人生最大的尊重，是对生命最好的诠释。

放弃、放下，是心灵深处的温度计，是心灵最惬意的悠然假期。

完美、舍得，是对生命、对梦想、对人生的终极追求。

青春，是人最美好的一段时光，也是人格、性格定型的重要阶段，在这个时期，我们需要享受青春的快乐，同时也需要完成自我塑造。通过心理自助，最终从一个小男生、小女生逐渐成长为一个有着健全人格的人，成长为一个对社会、对家庭、对自我有着相对完整认知的人，成长为能够为自己的未来做主的人。这才是一个最充实、最有价值的青春。每个梦想都值得我们认真对待，每个青少年都是未来的希望。在青春中我们不仅要有欢乐，同时也要拥有未来！

本丛书是你化解烦恼的“心灵鸡汤”，可以给你快乐的心理自助；本丛书会让你认识到：掌控心理，方能掌控世界；改变自己，才能改变一切。本丛书还将告诉你：只有实现积极的心理自助，才能收获快乐而充实的青春。

目录

第一篇 给心灵放一个悠长假期

第二篇 一时舍却，无可舍处

第三篇 放下贪念，方得快乐

目录

第四篇 放眼未来莫回头

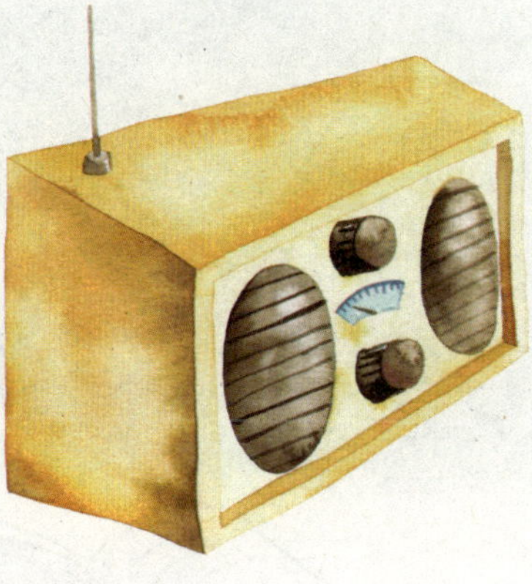

第五 成全一份碧海蓝天

第一篇

给心灵放一个悠长假期

“放下”，不仅仅是一个动作，更是一种内心宽容的心态，是一个正视生活磨难的姿态。放下了那些内心的包袱，我们收获的便是一份安宁的心境。人生在世，有很多东西都是浮华的过往，唯有让内心宁静、收获幸福，才是生活的真谛。

放下，是人生最值得参悟的学问

故事话题

唐朝大诗人王维，在仕途上起起伏伏，当他随着李林甫执政的时候，唐朝已经不复当年的辉煌，政治也逐渐走向黑暗、腐朽。在这种情况之下，王维非常失望，他不愿意自己成为黑暗官场内的一枚棋子，于是开始走上一条回避政治斗争的道路。在那段时间里，王维开始放下曾经的仕途之心，也将自己彻底解放出来。

没有了在官场上这个无形的枷锁，王维仿佛重新获得了新生，他开始在终南山、蓝田等地游览山河，过着非常悠闲的生活。也正是在这段日子中，王维开始大量创作“山水田园派”诗歌——通过对山水田园风光的描写，来抒发自己对宁静的向往。

唐朝文人殷璠在编选的《河岳英灵集》之中称赞王维的诗“词秀调雅，意新理惬；在泉成珠，着壁成绘；一字一句，皆出常境。”而宋朝大

文豪苏轼则称他为“味摩诘之诗，诗中有画；观摩诘之画，画中有诗。”可见王维在诗词方面的造诣和成就，后世人将他和孟浩然合称“王孟”。

故事解析

在中国古代，官场仕途是很多文人墨客都非常看重的，甚至是唯一看重的虚名。小说《范进中举》正是讲述了古代文人对于高官厚禄的追求、获得官场名利的急迫心情。王维在年轻时期，一直都是一帆风顺，也受到朝廷的重用。但是在王维晚年的时候，却因为爆发了安史之乱，他被敌军捕获。可是当安史之乱平息之后，王维却被当成乱军贼子一样被怀疑，这让心高气傲的王维非常不能接受。并且在官场时间越长，越是产生消极情绪，让他终日不得开心颜。最终，王维选择了放下。他放下的不仅仅是一个官衔，而是作为文人墨客的一种荣誉、一份高官厚禄的待遇、一个对自己能力的绝对肯定以及曾经的辉煌。

有很多时候，我们的烦恼、痛苦和焦虑都来自周围的环境，当王维决定离开这个让他深感失望的黑暗官场，他便卸下了内心的包袱。只有从内心深处做到真正的放空，才能收获一个宁静的内心世界，方能感受到没有任何负担的轻松心情。

放下，在很多佛学、哲理中，都是一门高深的学问，有很多人都无法看破放下和获得的因果关系，但实际上，只有放下，才能收获。这就好比，当我们两手紧握的时候，我们就没有地方，也没有能力再去接受新的事物，内心也同样如此。当我们的内心装满了东西，自然就没有地方再去收获、再去感悟。所以，当我们疲倦了的时候，不如学会放下。

故事穿越

严光，原姓庄，因避东汉明帝刘庄讳而改姓严，又名遵，字子陵。相传严光在年轻的时候就因为自己的才学而名闻天下。在新莽末年，和刘秀成为同学，两个人很快就成了好友。身为一介布衣的刘秀透露出自己原是西汉刘氏家族的后人，准备起兵谋反，严光积极响应，在刘秀身边出谋划策，他精通岐黄，医术精湛，又通晓天文地理，很受刘秀的重视。

公元23年，王莽被杀，新莽政权土崩瓦解，就在这个时候，追随刘秀的将军耿纯就建议刘秀登基称帝，但是刘秀内心比较犹豫，担心自己的追随者并不服气，但是耿纯却说："忠心追随您的这些人，都是为了荣华富贵，光宗耀祖，只要您赏赐他们高官厚禄，他们依然会忠心于您的。"

很快，刘秀就登基做了皇帝，也就是东汉的开国皇帝，但是耿纯的这番话却传到了严光的耳中。严光觉得自己追随刘秀，并非是为了高官厚禄，也对这些没有半点兴趣，而是在意和刘秀之间的这份友情。而刘秀登基做了皇帝，身份不同了，心境自然也就发生了改变，倒不如趁着这个时机，放下内心的这种羁绊。于是，严光决定隐退。即便是后来刘秀多次想要请严光出山，但是都被严光婉言谢绝。

严光不问仕途，反而耕钓富春山的行为，被很多文人墨客赞赏有加，比如范仲淹就曾经多次称赞严光功成不居的高风亮节。

故事微语

放下，是发自内心的一种看透。严光也好、王维也罢，他们对高官厚禄的舍弃，是一种高风亮节的姿态，同时也是对自己内心的一种救赎。当我们一味地追求功成名就，这种过程本身就带着一份执着。任何一种事物都需要一个“度”的把握，太过执着反而陷入了一个怪圈，只有当我们从内心中做到真正的放下，才能够收获到另一种心绪。

我们的内心同样是一个容器，现实生活中的种种情绪，都拼命往这个容器里装，这个容器早晚都会被填满。而放下，就是将这个容器的东西筛选性地扔掉，那些能够影响到我们的负面情绪，那些让我们不能够开心起来的陈年往事，那些让我们苦苦追寻不到答案，这些并非是我们生活中积累下来的财富，既然如此，倒不如彻底放弃。

有很多时候，我们不舍得放下，是因为我们还没有参透这样一个道理——每一个人，穷极一生，真正能够收获到的，不外乎是一份属于自己的宁静和幸福，仅此而已。

心灵箴言

得之，我幸；不得，我命。

——徐志摩

夫唯不争，故天下莫能与之争。

——老子

一切都是暂时的，一切都会消逝。一切逝去的，都会变成美好的回忆。

——[俄] 普希金

人生是一场大火。我们每一个人唯一可做的就是从这场大火中多抢救一些东西出来。

——[美] 比尔·盖茨

放下，是大海教诲的人生哲学

故事话题

唐朝著名的政治家狄仁杰，是很多人都非常熟悉的人物，他曾经担任武则天称帝时期的宰相之一，曾经直言力劝武则天立庐陵王李显为太子，使得唐朝社稷得以延续，是一位刚正不阿的好官。狄仁杰不仅为人正直，而且心胸宽广。

在他刚刚入阁担任宰相的时候，武则天宣他进宫，他连忙穿戴整齐之后，赶到宫中。果然，武则天皇帝面色严肃，正襟危坐。他连忙行礼，问道：“不知皇帝宣微臣进宫，可是有事？”

武则天问道：“爱卿你的政绩确实不错，但最近却总是有人在我面前说你的坏话，甚至还说得非常严重。朕不愿意听信谗言，你想不想知道究竟是谁说的这番话吗？”

狄仁杰连忙跪下，但他没有回答武则天的问题，反而说道：“陛下，如果您认为微臣有什么地方做错了，请您一定指出，微臣自当改正；如果您认为我没有做错，这会是对微臣最好的褒奖，但是关于究竟是谁说我坏话这样的事情，我并不想知道，更不愿意知道。”

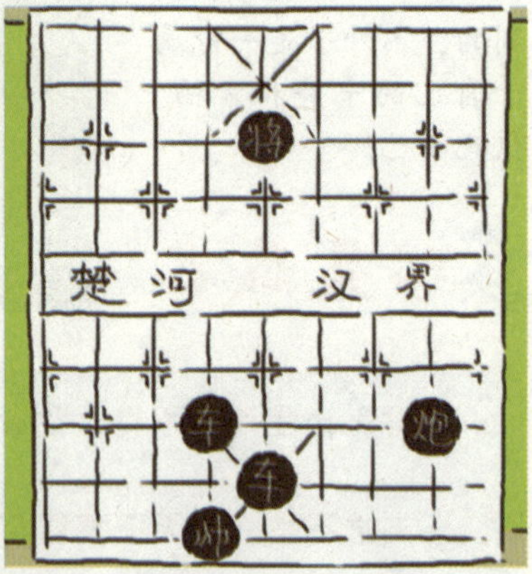

武则天一听，心里非常高兴，其实这不过是武则天试探他的一个方法。她非常看重狄仁杰的才能，也希望狄仁杰是一个忠厚宽容、心胸坦荡之人，所以才想到这样一个方法。后来，狄仁杰得到了武则天的器重，最终成为唐朝历史上非常著名的政治家。

故事解析

当我们拥有了宽阔的胸怀，我们就能够将世间的很多事情看透，更容易放下内心的包袱。狄仁杰心怀坦荡，所以他能够丝毫不去在意究竟是谁在武则天面前说自己的坏话，也正是因为胸怀坦荡，他也能够全然相信武则天会有自己的判断。

在现实职场之中，我们也常常会遇到和狄仁杰相同的事情，但是我们又有多少人能够做到狄仁杰这样呢?

有一个宽广的胸怀，才能让我们将视野放得更高、更远，才能让我们用平静的心情看待生活中会遇到的种种挫折，并且更能让我们做到从内心深处的“放下”。

故事穿越

作为“汉初三杰”之一的韩信，在追随刘邦之前，曾经遭遇过一次人生的奇耻大辱。当然，这份所谓的“奇耻大辱”不过是世人的定义，可是在韩信内心却并非如此定义。

当时韩信还身处淮阴，有一群恶少常常当众羞辱他，甚至有一个屠夫当着韩信的面直言道：“别看你长得高高壮壮，还总是拿着剑，但是我知道，你其实就是个胆小鬼！有本事的话，你敢用剑刺我吗？”韩信看了看他，又摇了摇头，不愿和这名屠夫纠缠。但是屠夫看到韩信如此反应，心里更加得意，就拦着韩信说道：“如果你不敢，就从我的裆下钻过去。”韩信听闻，就当着很多围观的闲杂人等面前，从屠夫的裆下钻了过去。于是在场的人都嘲笑韩信是个胆小鬼。这也就是著名的“胯下之辱”的典故。

但是，韩信并非胆小，而是觉得这不过是一件不足为奇的小事，如果他真的拿剑刺伤了屠户，别说推翻秦朝的残暴统治了，或许还会因此而入狱。再者，尽管屠夫仗势欺人，但却并非是该死之徒，又何须和市井小民如此计较呢？

后来，当韩信功成名就之后，那名屠夫非常紧张，日日担心，生怕韩信回来找他报仇。果然，很快，韩信就找到了他，但却并非是回来报仇，而是告诉他自己当初不刺伤他的真正原因，并且将屠夫收入自己的帐下。

故事微语

我们常常会有这样的感受，当面对大自然的时候，内心会平静很多。正所谓，“面朝大海，春暖花开。”人的胸怀，正应该如同大海一般，能够包容世间的所有。在大海面前，没有什么能够影响到它，即便是大海也曾经历过狂风暴雨，也曾经历过波涛汹涌，也曾有过平静如镜，但这一切都不会影响到大海片刻，它依旧是宽容地存在着。

其实细想起来，无论是我们自己，还是宽广如大海，都应该有如此胸怀。就如同狄仁杰能够包容那些说他坏话的同僚、韩信能够原谅曾经羞辱他的屠夫。

当我们能够拥有宽阔的胸怀，自然就能够放下心中曾经的执念，保持健康、轻松的姿态。以宽容的姿态面对生活，我们就能够轻易地筛选出那些内心深处的负面情绪，更能够让我们收获真实而美好的快乐点滴，将这些生活赐予我们的甜美果实铭记于心。

心灵箴言

海纳百川，有容乃大；壁立千仞，无欲则刚。

——林则徐

一个伟大的人有两颗心：一颗心流血，一颗心宽容。

——[美] 纪伯伦

世界上最宽阔的是海洋，比海洋宽阔的是天空，比天空更宽阔的是人的胸怀。

——[法] 雨果

所谓完善的人，就是心胸宽广，富有献身和牺牲精神，誓为全人类的幸福而努力奋斗的人。

——[美] 塞德兹

舍下心灵的包袱，赢得最初的快乐

故事话题

曾经有这样一个寓言故事，一个人到教堂找到牧师，对牧师说：“我每天都很难过。”

牧师就问：“究竟是什么让你这样难过呢？你看外面阳光明媚，出去走走会是一个不错的选择。”

这个人就说：“正是因为外面阳光明媚，我才如此难过。因为我有个孩子是卖伞的，如果阳光明媚，就说明他今天的生意不好。”

牧师就说：“那阴天下雨的时候你是不是就会心情好了呢？”

这个人又说：“不是，我另一个孩子是卖鞋的，如果天公不作美的话，街上的人就少了，这就说明他的生意不好。”

牧师听完笑着说：“那你为什么不积极地去想呢？比如今天阳光明媚，街上的行人就会多，那卖鞋的生意就会好。如果明天阴天下雨，那卖伞的生意就会好，这样想岂不是每天都开心吗？”

故事解析

每当我们在生活中遭遇到了挫折的时候，别人总会安稳我们，他们所说的话就和牧师一样，无非是想要我们调整自己的心态。

心态，是我们每个人内心之中都无法避免的一种情绪，但这种情绪却能够给我们带来截然不同的两种局面——面对生活，有的人积极面对，有的人却消极沉闷；面对失败，有的人能够一笑置之，重新上路，有的人却愁容满面，自暴自弃；面对挑战，有的人能够信心百倍，有的人却妄自菲薄……但是这两种人最终却会收获不同的人生果实。

心态，就好比是人生的遥控器，通过遥控我们的情绪而遥控出不同的产物。所以，好的心态，能够帮助我们走向成功，而负面心态，则让我们轻言失败。

故事穿越

巴西足球在世界上所有球队之中，实力也是数一数二的，并且有众多深受球迷喜爱的球星。但是在巴西足球的发展过程中，曾经有这样一个故事，值得每个人思考。

在1954年，每四年一届的世界杯如火如荼地进行着，每个巴西队球迷都希望巴西球队能够在这次比赛中获得冠军。但是，在半决赛中，一向实力雄厚的巴西队却输了比赛。这个结果让很多球员都无法接受，他们甚至觉得无颜回到祖国面对一直支持自己的球迷。

然而，让他们想不到的是，当巴西队下了飞机之后，巴西总统带领着两万多球迷默默地在机场外迎接着他们。这是一次无声地迎接，没有往日的欢呼，更没有骚动的人群索要签名。每个球迷都默默地站立着，在静默中，只有一条醒目的条幅诉说着他们内心的真实想法——“这会过去的”。

就是这样一句简短的话，让巴西队的球员们又重新燃起了斗志。四年之后，巴西球队终于在世界杯的赛场上捧回了世界杯冠军的奖杯。这一次，他们在机场获得了更为热烈的欢迎，甚至动用了16架喷气式飞机为他们的专机护航。但是当他们走出机场之后，首先入目的仍然是曾经的条幅、曾经的话——“这也会过去的”。

故事微语

“这会过去的”——简短的五个字，道出了一个人生哲理：时间是治疗每个人内心创伤的最佳药物。无论是经历了什么样的挫折，在时间面前，这些都并不重要，真正重要的是，我们要拥有一颗永不放弃的决心。

“这也会过去的”——只是多了一个字，却说出了另一个人生哲理：任何一种荣誉、辉煌，在时间面前也不过是昨日之光。

这样两句话，组合在一起，带给巴西足球队员的领悟便是——心态。足球本身就是一项竞技体育，想要取胜，除了有雄厚的实力之外，还需要一份好的心态。在面对强敌的时候，能够轻松应对，自信从容，当面对实力较差的球队的时候，也不会因为自大而掉以轻心。这也是能够在赛场上保持实力的一个重要原因。

心态，不仅仅在赛场上非常重要，在我们每个人的一生之中，同样重要。它能够让我们拥有面对失败而不气馁的精神，也能让我们拥有面对荣誉不自大的谦虚。心态，就如同是我们心情的调节剂，让我们始终可以用一颗平常心去面对生活中的种种。

心灵箴言

世界如一面镜子：皱眉视之，它也皱眉看你；笑着对它，它也笑着看你。

——[英] 塞缪尔

水果不仅需要阳光，也需要凉夜。寒冷的雨水能使其成熟。人的性格陶冶不仅需要欢乐，也需要考验和困难。

——[美] 布莱克

心态若改变，态度跟着改变；态度改变，习惯跟着改变；习惯改变，性格跟着改变；性格改变，人生就跟着改变。

——[美) 马斯洛

舍得，是人生中最难以解读的加减法

故事话题

曾经担任谷歌和微软公司副总裁的中国人李开复，在中国 IT 业内成为一个传奇人物，他的人生之中有着非常重要的一个转折点，这个转折点发生在他的大学时代。他曾经多次说过，如果不是那一天突然的决定，或许他不会在计算机领域里取得这样优秀的成就，或许只能在美国某个不知名的小镇上做一个普普通通的律师，每天接受一些普通的案件，就这样过完了一生。

最开始的时候，他考上了哥伦比亚大学，但是他考取的并非是后来让他名震天下的计算机专业，而是其他专业。一次偶然的机会，李开复接触到了计算机，并且爱上了这个高科技产品，每天都在琢磨如何编程。后来，他做出了人生之中的重大转折的决定——放弃已经到手的学分，转入计算机系。

在当时，计算机还是一个新玩意，没有人知道这个东西今后的发展前景究竟会变成怎样，就连哥伦比亚大学的计算机系也是刚刚建立，生源只有 30 名，很多东西都没有建立完善。可是这也挡不住李开复的决心，他毅然决然地进入了计算机系，放弃了法律专业。

后来，李开复在计算机领域中取得了优异的成绩，并且让自己的一生成为传奇。这都要归功于当初的那次重大的决定。

故事解析

李开复放弃了已经学习了一年多时间的专业学分，却转入了“前途未卜”的计算机专业。这对当时的他而言，是一种绝无仅有的勇气，甚至有很多人都认为李开复是疯了。但事实证明，李开复的这次决定是无比正确的。

每个人的人生都是处在不同的岔路口，需要自己成为人生的舵手，来掌管自己的人生航向。有很多时候，自己都无法预知等待究竟是成功，还是失败，这都等待着我们自己去创造，然而，能否有选择的勇气，同样非常重要。

虽然看起来李开复舍弃了一个看似有前途、有未来的职业，而选择了一个看似比较“危险”的专业，但现如今也证明了，这一次的舍得所带来的成功，也是原本所谓的前途、未来的律师职业无法比拟的。这就是选择带来的最大利益。

选择，是人生之中非常重要的智慧，有的人选择，便能够成功，也能够充分享受选择带来的快乐，可是有的人却承担着选择带来的痛苦和矛盾。其实在选择的过程中，就是一个得到了什么、放弃了什么的过程，正所谓舍得舍得，有舍才有得，有得必有舍。所以在选择过程之前，谨慎对待、勇敢决定，而事后就是要为了自己的选择全力以赴，毫不妥协，只有这样，方能成功。

故事穿越

有着“东方之星”称号的斯诺克选手丁俊晖，不仅是全世界喜欢台球的人关注的焦点，同样更是中国人的骄傲。但是和很多普通小孩不同的是，丁俊晖的生活和别人有着太多的不同。

丁俊晖的父亲本身就是一个台球爱好者，每天没有生意的时候，都喜欢和周围的朋友们杀上几局。有一天丁俊晖无意中展现了自己在台球方面的天分，竟然在几个大人面前打出了一个非常漂亮的球，那一年他还不到九岁。就这样，丁俊晖开始喜爱上了台球，并且每天都花费大量时间来研究台球。

很快，丁俊晖的学习成绩就开始下滑，他的老师多次找他和他的父亲谈话，可是丁俊晖的父亲却非常严肃地问丁俊晖，是喜欢台球，还是喜欢读书。丁俊晖坚定地回答，喜欢台球。后来父亲为了支持儿子学习台球，不仅为他专门开设了台球社，还同意他辍学的要求。

在 2005 年，丁俊晖首次获得了英国锦标赛冠军，英国媒体用“冰冷丁”来形容丁俊晖，并且称他闪电般的出杆速度已经征服了整个英国，那一年的丁俊晖刚满 18 岁。

故事微语

毫不夸张地说，丁俊晖的成功之路绝对不同寻常，甚至可以说，是一条绝无仅有的成长之路，是一条无法复制的成功之路。丁俊晖舍弃了传统概念中的读书，而选择了一条以自己兴趣为主的奋斗之路。

有很多人在面对选择的时候，总是会考虑很多，或者是考虑自己的选择是否正确，或者是考虑如果这个选择最终失败了又该如何。然而，什么叫作选择？首先选择就是建立在给自己的准确定位之上，丁俊晖非常热爱台球，并且相信自己的实力，尽管在当时看来，他是否能够在世界斯诺克赛场上取得什么样的成绩言之尚早，但是当我们确定了自己的目标，找准了自己的定位，选择就变成了一种不会犹豫、不会后悔的追梦之路。

选择，并非是一种盲目的取舍，也绝非是随意的决定，它是我们把握人生方向的舵手，是为我们自己生命注入激情的动力，是人生永不停止的前进方向。既然选择了，就无需为了选择是否正确而烦恼，更无需担心失败了会如何，只有放下内心中的这种顾虑，才能全力以赴地朝着梦想一路狂奔！

心灵箴言

选择你所喜欢的，爱你所选择的。

——[俄] 列夫·托尔斯泰

对于每一个人，他所能选择的奋斗方向是宽广的。

——[美] 爱因斯坦

决定你是什么的，不是你拥有的能力，而是你的选择。

——杨澜

路是脚踏出来的，历史是人写出来的。人的每一步行动都在书写自己的历史。

——吉鸿昌

轻装踏上人生征途

故事话题

有着“股神”之称的沃伦·巴菲特之所以能够在变幻莫测的商场中驰骋，其中的一个原则就是“着眼未来”。在他众多的成功案例之中，最具代表性的莫过于他对“可口可乐”股票的投入。

在 1886 年，可口可乐建立，在此之后的一个世纪，可口可乐公司迅速占领全世界的饮料市场。而在 1988 年，巴菲特首次买入可口可乐大约价值 10 亿美元的股票，当年他的这个举动让整个华尔街的金融人士都大吃一惊，甚至有人认为巴菲特一定是疯了，他们根本不认为这样一个饮料公司怎么会吸引巴菲特投入如此大的资产。

很快，可口可乐公司就以傲人的销售业绩让它的股市一路飙升，巴菲特从中赚得了大量的利润。但很快，美国因为开始了以网络股为代表的新经济泡沫，作为传统经济代表的可口可乐备受冷落。这时候，原本很多跟风买入可口可乐公司股份的股民纷纷将股票抛出，但是巴菲特却始终坚持。时间总会告诉我们什么是正确的答案，在网络泡沫破裂之后，可口可乐的股票再创历史新高，巴菲特就凭借着可口可乐公司的股份，再一次证明了他“股神”的地位和眼光。

曾经有人多次询问巴菲特，究竟是什么让他对可口可乐公司有着如此大的信心？巴菲特多次表示，他看重得并非是一时得失，他研究过可口可乐公司自从建立之后的发展历程，认可他们的企业理念，并且对于可口可乐公司的经营业绩、管理和市场前景等多方面因素都曾经做过非常充分地调查和判断。正是前期的调查，让他放下了对可口可乐公司的所有顾虑，即便是短时间内发生了一些变动，但是这种长时间的增长才是他看重的。

故事解析

巴菲特之所以如此看好“可口可乐”公司的这只股票，其根本原因并不在于他知道多少内情，和那些所谓的股市定律也没有什么关系，最主要的原因，是在于巴菲特的眼光和远见。巴菲特研究了可口可乐公司数十年的业绩、市场等多方面的因素，所以对于短时间内的亏损，他从未真正在意。可是其他股民的眼光却看不到未来，对于股市的变动，稍有一点风吹草动就立刻慌了神，连忙抛出止损，甚至过早地担心自己是不是要赔个精光。

其实人生和股市在这一点上有很多相似之处。很多人之所以变得碌碌无为，大部分的原因就是因为没有远见、人云亦云，无法坚持自己内心中的梦想，却仍然常常陷入失去梦想的痛苦，不愿意面对现实。

着眼未来，并非只是一句空谈，也绝非只是一种说辞。当我们真的将目光放远，就能够看清人生的目标，就能够明白人生的真谛。只有着眼未来，才能让我们的心胸更加开阔，让我们将对过去的执念放下，开始一段全新的旅程。

故事穿越

公元 1402 年，明成祖朱棣在经历了“靖难之役”之后，下定决心要迁都北京，并且在第二年正式公布了这项圣旨，在公元 1421 年全部完成了迁都北京的工作。关于朱棣迁都的原因，有很多不明情况的人众说纷纭，不仅是在现在，就连当时的明朝，也同样如此。有很多人都认为，明成祖朱棣是依靠篡权才夺得了地位，正所谓名不正言不顺，朱棣夺了侄子朱允炆的江山，因为心虚所以才要离开南京。

但实际上并非如此，朱棣之所以迁都，正是出于全局、着眼未来的大智慧。早在明太祖朱元璋在位时期，他也曾经想过要迁都北方，甚至派了太子朱标（朱允炆的父亲）前去北方考察，不幸的是，朱标英年早逝，这给了朱元璋一个沉重的打击，所以就绝口不提迁都。明朝的祖训是“天子守国门，君王死社稷。”这里所指的天子守国门，意思再清楚不过，就是要把自己的都城建立在边境地区不远的位置，以此督促“天子”要奋发图强，切勿玩物丧国。明成祖朱棣非常清楚父亲的想法，并且赞同父亲的远见，再加上他做燕王的时候，对北京城内非常清楚，所以选择这里作为都城。

故事微语

关于明成祖朱棣迁都，有着太多的流言蜚语，甚至在朱棣在位时期，都没有停止过这样的争论。每每北京城遭到天灾的时候，总会有人造谣说，是因为明太祖朱元璋死不瞑目，因此演变出了这场灾难，意图就是为了警示后人。面对这样的恶语中伤，朱棣从来都不太在意，只是运用一些政治手段。

历史，永远都是用时间来证明对错的产物，在大明王朝经历了三个多世纪的风雨考验之中，“迁都”的好处非常明显，仅有的一次“土木堡之变”，让明朝失去了一个君主，但是在大是大非面前，明朝却始终保持着自己的民族尊严。这无不显示出朱元璋和朱棣的政治远见，以及他们着眼未来的过人之处。

着眼未来，并非是一种空想，而是对自己未来的一种统筹规划，当我们开始将目标放在未来，内心对于过去的执念和一些负面情绪自然而然就会放下。我们每个人都是这样成长起来，与其活在过去，不如将目光放在未来，在内心树立一个目标吧。

心灵箴言

“未来”是青年人的一个天堂。

——[西班牙] 塞拉

丧失未来的幸福，比丧失已有的幸福更痛苦。

——[法] 巴尔扎克

今天倒运的人，也许明天走运，所以一个精明的外交家总是给未来留下余地的。

——[法] 罗曼·罗兰

不要老叹息过去，它是不再回来的；要明智地改善现在。要以不忧不惧的坚决意志投入扑朔迷离的未来。

——[美] 朗费罗

第二篇

一时舍却，无可舍处

舍却，是指将内心深处的包袱、牵绊丢弃的过程，每个人的内心深处都充满了很多欲望，但是我们不可能每样都真正拥有。所以我们必须还要学会一样，那就是舍弃。诱惑是我们每个人都会经历的，但是当我们没有能力承受的时候，那就只能舍弃，否则，诱惑很有可能就变成了人生的负果。

淡泊欲望，让心灵沐浴春风

故事话题

作为发明了飞机的莱特兄弟，在他们成功地完成了飞机首次飞行试验之后，立刻名声大震，成为世界知名人物。有很多社会名流都曾经向他们发出邀请，希望能够邀请他们共度晚宴，也有众多媒体都争先恐后地想要采访他们，希望能够收获一篇独家新闻。但是莱特兄弟都婉言谢绝。

有很多人都在好奇，已经成功了的莱特兄弟究竟在做什么，他们既没有因为这些名声而放任自己沉迷在享受生活当中，也没有因为这些名声而感到自己高人一等，他们依旧将自己关在曾经那间实验室里，默默工作，希望能够改良已经成功的飞机。

其中有一名记者多次要求采访莱特兄弟，但是都被他们拒绝了。有一天，他再一次要求莱特兄弟一定要发表讲话，并且露出了嘲讽的语气说，是不是因为不会说话所以怕丢脸呢？试图以激将法来达到获得采访的目的。然而，莱特兄弟中的哥哥威尔伯却回答道："记者先生，您知道吗，鹦鹉非常喜欢说话，而且是鸟类中说话最好的，但是它却怎么也飞不高。"

故事解析

莱特兄弟在成功之后，名声大震，但是他们却没有在这种名声之中迷失自我，更没有忘记自己最初的飞行梦想。正是因为有着这样的信念，在他们无数次飞行失败的时候，他们能够做到不放弃、不妥协；也正是因为如此，在他们成功之后，面对虚荣、欲望和名利，他们能够淡然处之。

我们每个人活着，都会有欲望，甚至有人因为欲望而逐渐变得盲从，成为了欲望的奴隶。对金钱的欲望、对名利的欲望、对成功的欲望，往往都需要一个度的掌握，当我们能够主动地掌控欲望，那么欲望就能成为我们成功的动力，但是如果当我们忘记了对欲望的掌控，那么很容易就被欲望所捆绑。

放下欲望，也绝非是让我们做到真正的放弃，而是做到面对欲望，能够心如止水，清楚地看到欲望本身究竟是什么。欲望，是我们对成功、对梦想的渴望，但却并非是对名利、金钱、财富的追求；欲望，是促使我们勤奋的动力，却不能成为内心的枷锁。

就如同莱特兄弟一样，清醒地看待欲望，才能懂得人生的需求和梦想，才能懂得什么叫作真正的成功。

故事穿越

著名的发明家爱因斯坦，是一个对欲望非常低的人，或许正是他对现实中我们认知的欲望非常低，才能够将自己的全部精力都放在科学发明方面。

在20世纪30年代，美国著名的教育家和学校改革家弗莱克斯纳准备建立一个新的科学研究所，他心中能够在这里担任一把手的人选自然就是爱因斯坦。于是，他马上联系到了爱因斯坦，并且将自己的创办理念主动和爱因斯坦做了非常详细的介绍。爱因斯坦听完之后，觉得这是一个非常不错的项目，自己也很感兴趣，就同意了弗莱克斯纳的邀请。弗莱克斯纳听完之后非常开心，连忙问道："请问您还有什么其他要求吗？比如薪水之类的，您尽管提，如果在我们的能力范围之内，我们一定全力满足您。"

爱因斯坦想了想，说："我的确有两个要求，第一，是关于我的助手迈耶尔，他在我的工作中有非常重要的位置，所以我希望你们也能够同时接纳他，并且要给他正式职位。第二，我的年薪，你们给我3000美元吧，不过如

果在普林斯顿一年的生活费不需要 3000 美元，那也可以适当的低一些。”

弗莱克斯纳简直怀疑自己听错了，因为在当时一个稍微有点贡献的科学家的年薪都在一万美金以上，可是爱因斯坦却表示，如果生活过得去，低于 3000 美金也可以。他无法认同，一个世界知名的科学家的身价竟然如此之低，连忙表示，年薪一定要在两万美金。可是爱因斯坦确认为，这么多钱没有用，最终双方几经商讨，终于以年薪 1.6 万元美金签订了合同。

正是在普林斯顿这个小镇之中，爱因斯坦完成了自己很多学术方面的发现，并且留下了很多关于他的小故事。

故事微语

作为一个世界著名的科学家，爱因斯坦在物质方面的要求非常低，甚至一度认为只要能够维持生活，他完全可以不需要金钱。对于物质的欲望，是每个人心中都有的，这也是世俗生活中必不可少的一个环节，但是这种对物质、金钱和财富的欲望，却并非是每个人都能够看透的。

在现实生活之中，有很多人都因为无法看透对于物质的欲望追求，甚至有很多人都陷入了一个误区，认为当我们拥有了无穷的物质生活，就一定能够得到幸福。但实际上，真正的幸福并非是对物质、对欲望的追求，而是对生活的感悟。然而，这份感悟却正是要放下内心深处的欲望，才能得以实现。

看淡欲望，才能让我们更能够看清自己的内心，寻找到最值得珍惜的东西和情感，才能让我们不会因为欲望而与幸福擦肩而过。

心灵箴言

少欲觉身轻。

——黄宗羲

在饱极生厌的边缘，欲望依旧是无限的。

——［法］让·罗斯唐

人一旦成为欲念的奴隶，就永远也解脱不了了。

——［泰国］察·高吉迪

养心莫善于寡欲。其为人也寡欲，虽有不存焉者，寡矣；其为人也多欲，虽有存焉者，寡矣。

——孟子

名利，不过是名片上的一行字

故事话题

著名的收藏家马未都先生一直都在致力于文物修复和文物收藏的工作。最开始的时候，马未都只能够和很多喜欢淘换老玩意的人一样，常常到古玩市场去转转，就算是得不到那些真正的文物，也很喜欢听老人说些关于文物的往事。

后来，马未都进入了文化圈，并且成为一名编辑之后，他开始意识到文物对一个民族文化的重要性，从那个时候开始，他就在心里想，能不能依靠自己的力量，影响古玩收藏圈儿，或者是让大众都重视起古玩的价值。有一次，他在收藏一样宝贝的时候，遇到这样一件事，当时那家主人也非常珍惜手中的宝贝，并不肯全部出售。马未都再三请求，并且保证一定要让这件古玩发挥最大的价值，原主人才同意让马未都在几件宝贝中选择一件。马未都看了看他最喜欢的两件瓷器——一件是年份久远的官窑，另一件是距今较近、但是数量较少的哥窑，马未都心里犯了难，这两件都是精品，他都喜欢，最终在挣扎之下，他选择了官窑瓷器。后来马未都回忆这件事情的时候，说自己当时内心突然之间就坚定了，人生在世，不在于敢不敢选择，而是在于敢不敢放弃，如果当时我不放弃哥窑瓷器，或许我两个瓷器都得不到。古玩市场如此，人生也是如此。

在这种思想之下，马未都决定，要将自己辛苦积累多年的藏品全部拿出来，举办一个观复文化基金会，主要就是为了创建一个相对公平的古玩市场，并且对古玩市场也是一个激励和保护，希望能够通过自己的力量保护这些真正的宝贝。

故事解析

当我们为了名、为了利而忙碌，而奔波的时候，智者们反而放下了这个能够捆绑内心一生的枷锁。名利，无非是外界的眼光、外界的平价，无非是对自身的认可。但是，终其一生，每个人最终能够享受到的，不外乎只有最真实的平淡生活。

马未都在古玩市场里享誉盛名，有很多古玩类的节目、杂志都以邀请到马未都而觉得专业、有档次，但实际上，马未都从未在意过自己是否能够成为古玩界里的“一把手”，他更在意古玩市场，在意这些历史留给人们的真正财富。

淡泊名利，并不是庸庸碌碌，更不能成为对命运妥协的借口，相反，它是内心深处的保护层，让我们在世事纷扰之中，保持自己内心的平静和从容。

故事穿越

当代大学者钱钟书先生一生淡泊名利，在他成名之后，有众多媒体都想要采访钱钟书，但是他却明确表示不接受任何媒体采访。有一次，中央电视台的记者为了能够采访到钱钟书先生，直接带着摄影记者就到了钱钟书的家门口，希望能够借此感动钱钟书。但最终，钱钟书依然没有接受媒体采访，记者只能在摄像机面前对全国观众宣告——钱钟书先生坚决表示不接受媒体采访，我们尊重他的意愿。

不愿接受媒体采访，是因为钱钟书先生对于所谓的成名看得非常淡，不仅如此，即便是对于金钱，他同样如此。在 20 世纪 80 年代初期，美国著名的普林斯顿大学，诚意邀请钱钟书到那里担任教授，并且开出了非常丰厚的薪金——每周只需要讲课 40 分钟，总共课程只有 12 讲，薪酬 16 万美元，提供条件尚可的单人宿舍，如果钱钟书不放心太太，也可以带着夫人一同前往。这样的报酬在当时已经是非常可观了，可是钱钟书仍然拒绝了这样的待遇。

众所周知，钱钟书先生最著名的代表作品《围城》中有一句话：“城外的人想进去，城里的人想出来”，更是成为解析婚姻关系的名句。国内外有很多文人都非常想要见见钱钟书先生，想和他交流自己的读书心得，可是钱钟书仍然是拒绝的，他始终认为，自己的全部价值都体现在文字上，有的读者能够从他的文字中领悟到什么，那已经是他最大的褒奖。其中一位来自国外的女读者非常想要见一见钱钟书，就通过电话先联系了他。钱钟书婉言谢绝，可是这名外国女读者态度很是坚决，他便幽默地回复道："如果你吃了个鸡蛋觉得不错，何必一定要认识那只下蛋的母鸡呢？"

在钱钟书的一生里，他几乎不接受媒体采访，也拒绝参加任何一个以他命名，或者是他的著作命名的文学研讨会。在钱钟书的心里，这些所谓的名利不过都是一场浮云，他的所有价值都体现在他的著作中，可是他的生活依旧是平平淡淡的。这才是一个文人真正的风骨。

故事微语

当我们在追梦道路上一路奋斗的时候，我们会收获到很多，会得到很多，但是关于名利，却是很多人内心深处的枷锁。正如泰戈尔所说："鸟儿的翅膀一旦绑上了黄金，那它就再也飞不起来了。"是的，当我们的内心被名利所累，那么梦想也就变了质，生活也会变得不再从容。

纵观历史，有太多的成功人士，他们之所以能够成功，就是因为他们淡泊名利，能够将所有精力都放在自己苦苦钻研的领域上，方能得到如此巨大的成功。

所以，在人生这条旅途之中，切勿让名利影响了我们的目标，不要让名利成为人生的负累。

心灵箴言

非淡泊无以明志，非宁静无以致远。

——诸葛亮

宁谢纷华而甘淡泊，遗个清名而在乾坤。

——洪自诚

不以一毫私利自蔽，不以一毫私欲自累。

——朱熹

我们每个人在内心深处都觉得，对于生命持一种无忧无虑的淡泊态度，将抵偿他自身的一切缺点。

——[美] 威廉·詹姆斯

放下，愈能够得到更多

故事话题

春秋末年，吴国因为打败了楚国而成为南方的霸主，于是他们很想攻打越国。这时候越国的国王就是越王勾践。最开始楚国抵挡住了吴国的侵略，并且成功地射杀了吴国国王阖闾。为了给父亲复仇，吴国的新国王夫差再一次发起进攻，勾践眼看马上就要失败了，于是放下武器，假意投降。

夫差一听，决定不杀死勾践，一定要好好羞辱他一番。于是他安排勾践在一个非常破旧的马圈里生活，让勾践给自己喂马，每日做着非常繁重的工作。为了彰显自己的壮举，夫差每次出行，都会让勾践给自己牵马，借此来羞辱勾践。就这样过了几年的时间，勾践都表现得非常顺从，夫差以为勾践已经丧失了斗志，就打算把勾践放回越国。这个时候，夫差身边的谋士伍子胥站出来说，勾践不能放，如果将勾践放回越国，就好比放虎归山。可是夫差却根本听不进去。

经过这场侮辱，勾践内心之中的复仇之火熊熊燃烧起来。为了不让自己忘却当时在吴国遭受的侮辱，他在吃饭的地方放了一块苦胆，每天吃饭之前都要品尝一下这番难以下咽的苦涩滋味，借此来提醒自己曾经受到的耻辱。这也就是成语“卧薪尝胆”的历史典故。

后来，勾践通过自己的改革，以及范蠡、文种等人的支持，终于使越国强大起来，一举歼灭了吴国。

故事解析

在“卧薪尝胆”这个故事里，勾践放下了自己的尊严，在吴国境内苟且偷生，并非是真的放下了尊严，而是在心里已经想到了“以退为进”的方法。

以退为进，是一种策略，是一种能够让我们保存实力的最佳方法。对

于每个人来说，想要实现自己的梦想，有很多时候，并不能真的一蹴而就，那么就需要我们“以退为进”。

当我们能够以平常之心面对喧哗的世界、纷扰的人群，在为人处世上从不表现出过于张扬的姿态，而是把自己的言行举止融于常人当中。这是一个人聪明的具体体现，因为这样更容易与他人和谐相处，做事也会更容易成功。

故事穿越

倪萍，曾经作为中央电视台的首席女主持人，连续主持了许多年央视春节联欢晚会，在百姓心目中有着不可动摇的地位。就如同宋丹丹和赵本山在小品《昨天、今天、明天》之中所说：“倪萍就是我的梦中情人。”可是，在倪萍的主持如日中天的时候，她却选择离开这个舞台，甚至离开了主持这个行业。

20 世纪 90 年代末期，中国电视荧屏也经历了翻天覆地的变化，有很多以轻松为主要风格的节目占据了电视，而当时年岁已大的倪萍显然不能适应这种全新的主持风格。在那段时间里，倪萍思考了很多，关于自己过去和未来。直到这个时候，她做出了这个重要的决定。她认为，现如今的大众审美逐渐发生了变化，自己年纪大了，无法改变自己和他们同步，那不如自己撤出来，让年轻的主持人有更多的机会。

放下了话筒的倪萍，将自己更多的精力都放在家庭生活中，关爱自己的下一代。她放弃了舞台上风光的主持人身份，也放下了曾经拥有的无限风光。一次偶然的机遇，倪萍开始接触到影视，因为她曾经就是山东话剧团的演员，所以在空闲时间里，她开始拍摄影视作品，比如电影《美丽的大脚》、电视剧《浪漫的事》等等。

现如今的倪萍，已经全然没有了曾经做主持人时期的风光，但是却开辟了另一个广阔天地，甚至成为从主持人转行做演员的成功范例。

2014 年，倪萍又重返中央电视台，主持《等着我》。

故事微语

以退为进，是人生之中的大智慧，尤其是对于很多成功者而言，更是如此，如果能够运用得好，那么我们就能够收获到另一片新天地。

在兵法上，“以退为进”是一种非常有效的抗敌手段，是一种力量的积累和潜伏，同时也是展现一个人的眼光和胸襟的关键之处。有很多人没有远见，常常会为了眼前的一点利益就变得斤斤计较起来。可是真正的成功者，往往能够在这个时候，能够审视大局，以退为进，从而开始新的篇章。

这就好比在下棋，棋局的精彩之处就在于相互牵制、相互制约，此时棋手们为了赢取最终的胜利，自然会选择“以退为进”。所以在人生之中，同样如此，“退”其实是一种保存实力，是一种能量的积累。所以，人，确实是应当敢于拼搏，但这个拼搏是建立在清楚了解自己的能力上的。

落叶离开枝干，是为了期待春天的美丽；小溪放弃平坦，是为了回归大海的宽广；蜡炬燃烧完美的躯体，是为了拥有一世的光亮。在人生的旅程之中，有太多的诱惑，不懂得放弃，只能在诱惑的旋涡中消沉，所以在这个时候，我们必须学会如何“以退为进”，让自己时刻保持着前进的方向。

心灵箴言

昔乎颜渊以退为进，天下鲜俪焉。

——扬雄

世界上事事物物，都是不进则退，决无中立的余地。

——柳亚子

任何事物都不是十全十美的，一种变化往往要求先退一步，才能再进两步。

——[美] 乔治·奥尼尔

莫让过高的期待阻碍原本的快乐

故事话题

秦朝的残暴统治，在短短数十年之后，就被农民起义彻底瓦解。历史的长河就这样进入了“楚汉战争”阶段。

提到“楚汉相争”，自然就是指刘邦和项羽之间，为了争夺江山。关于刘邦和项羽两个人，是非常具有代表性的两个人物——刘邦出身于市井，而项羽则是典型的英雄出少年。正是因为这种身份的差异，两个人的为人处世的风格也非常不同——刘邦对待旁人，就好像是在对待自己的弟兄，为人豪爽，可是项羽对待下属则是充满了猜忌。因为身份的不同，两个人对待民众的态度也并不相同——刘邦出身草莽，他内心非常清楚战争、战乱、暴力对民众的伤害有多大，所以他对待这些民众尽力安抚，并且承诺免除各种苛捐杂税。可是项羽却不能做到这些。

有很多史学家都说，项羽之所以没能够成功，最主要的一点就是项羽的自我膨胀。从他年少开始，项羽力大无穷，力拔山兮气盖世，可以说，他是在别人的夸赞中成长起来的。所以在他加入叔父的抗秦队伍之后，他就一心认为，能够取代秦朝，夺取江山的人非他莫属，对于刘邦，他其实并没有真正把他地当做敌人。

可是历史证明，由于项羽过高期待，以及对自我的错误定位，最终项羽只能在垓下中了十面埋伏，自刎于乌江之上。可以说，正是由于刘邦脚踏实地，他才赢得了楚汉之争的胜利。而项羽却成了乌江沙底的白骨。

故事解析

在我们每个人心中，都会有非常宏远的目标和梦想，会为了心中的梦想而去努力，但是梦想和目标只能成为我们的远见和设想，成为动力，却不能成为我们心中的压力。

在历史上，有很多失败的事件和人物都存在这样的问题。原本项羽作为替代秦朝的人物，在“楚汉相争”的战争中占据优势，就连刘邦都无法与之抗衡，然而项羽却因为太过骄傲，并且沉醉在自己的功绩之中，全然忘记最初走上抗秦的初衷。

梦想和目标，只是存在于内心之中的设定，我们为之奋斗、为之努力，然而，这样的期待并非是全部，在人生之中，我们需要一个梦想、一个目标来充当人生的舵手，但是目标和梦想却不能成为生活中的全部。每个人的人生都是丰富多彩的，除此之外，仍然需要其他来丰富和充实生活。所以，梦想是指引我们前行的方向，但却不能因此而挡住我们人生本来就应该享受的快乐。

故事穿越

在小说《儒林外史》中最经典的一篇便是《范进中举》了，这篇文章讲述了这样一个故事：

已经参加科举多次的范进，一直没有能够金榜题名，而这一次他中了秀才，于是他立刻想着能够去参加考举人，就找到他的岳父胡屠夫借些银两。没想到胡屠户非但没有借给他银子，反而将他羞辱了一番。范进心里气不过，就偷偷摸摸地跑去参加考试，不成想，这一次竟然中了举。

在发榜的当天，范进为了解决生活问题，被迫抱着自己家的鸡仔到集市上去卖，当乡亲们听到范进中举这个消息之后，一改往日对范进嘲讽的态度，连忙到集市中去寻找范进，并且告诉他这个好消息。

起初，范进并不敢相信，还以为是邻居们骗他。但是当他看到前来报喜的官员们，他激动地立刻晕了过去，醒来之后就开始疯言疯语。直到后来胡屠夫的一个巴掌，才让范进清醒过来……

故事微语

每个人的内心都有着自己的追求，但是这份追求，却并不能成为生活之中唯一的重心，更不能因为丧失理智。无论这份追求是名、是利。“范进中举”这个故事是一篇非常著名的讽刺性小说，作者吴敬梓通过这个故事来讽刺在封建社会名利、科举制度对于知识分子的压迫和精神上的枷锁。那么，在现实生活中，我们同样需要这种鞭策。

淡泊名利，并非只是存在于古代那些清高的才子身上，更是我们现如今应该具备的品质之一。对于名利的追求，往往会让我们心中的贪念占据上风，从而失去了生活之中去感受到的其他情绪，所以，放下名利心，更能够让我们全身心地感受生活、感受快乐。

心灵箴言

若是忧虑就应抱希望。人生最大的幸福经常是希望、希望。

——[德]谢林

人们对待希望应当像对待驯养的家禽：剪断它们的翅膀，好让它们不要飞过墙头。

——[英]哈利法克斯

像那闪烁的微光，希望把我人生的道路照亮；夜色愈浓，它愈放射出耀眼的光芒。

——[英]哥尔斯密

希望犹如日光，两者皆以光明取胜。前者是荒芜之心的神圣美梦，后者使泥水浮现耀眼的金光。

——[法]魏尔伦

不为盛名所累，成就真实自己

故事话题

在 2012 年伦敦奥运会游泳赛场上，小将叶诗文不仅拿到了 400 米混合泳的冠军，并且打破了世界纪录。有数据显示，叶诗文在最后 50 米冲刺的时候，她的速度竟然超过美国名将——男子选手罗切特。一时之间，叶诗文成为体坛上最耀眼的明星之一。

叶诗文之所以能够在奥运会的赛场上一战成名，自然是和她平时的努力分不开的。自幼，叶诗文就开始在体校接受训练，那个时候的她很小，倒不觉得日常训练有多辛苦，甚至开始感觉自己已经适应了这种体能训练。但是还有另一个让她很苦恼的事情，就是每次在比赛之前都非常紧张。

毕竟叶诗文刚开始参加比赛的时候，还是个小姑娘，在参加奥运会预赛之前，叶诗文非常紧张，就连双手都开始颤抖，教练连忙安抚她，可是这些方法对她似乎都没有什么用。在坐在休息区的时候，她想起了自己临行前父亲的一番话。叶诗文的父亲叶青松是女儿第一个忠实的粉丝，他非常相信女儿的实力，他心里也清楚，作为奥运会这么重要的比赛，叶诗文是年纪最小的选手，心里难免会紧张。所以在临行前，叶青松对她反复叮咛，心里不要有太大的压力，只要全力拼搏，正常发挥自己的水平，不要去太过在意自己的名次。就是这样一番话，让叶诗文放下了心里的压力。

在预赛的时候，叶诗文在内心重复着父亲的叮嘱，放下了内心的压力，最终在奥运赛场上取得了非常优异的成绩。

故事解析

拼搏，是大多数人的一生的写照，我们为了生活、为了事业、为了家庭、为了自己的梦想努力地拼搏。会有很多人在这个过程中取得了属于自己的成就，但是在这个过程中，我们遇到最大的问题，往往不来源于外部，而是在我们的内心深处。

在盛名之下，在巨大的赞美之中，我们往往会因此而迷失自我。叶诗文在 2010 年加入中国国家游泳队的时候，就已经成了比赛之中的热门选手，内心背负的压力就会逐渐变大，甚至会成为心里的包袱。叶青松的话就如同一把打开叶诗文内心大门的钥匙，让她放下内心的抱负，最终才赢取了冠军。

在现实生活之中，我们同样也要在内心深处建立这样一把钥匙，时刻放下内心的包袱，只有这样，才能让我们在拼搏的道路上轻松应对。

故事穿越

著名的钢琴家及作曲家帕岱莱夫斯基准备参加美国的一场演奏会，有很多乐迷都慕名而来。演奏会马上就要开始了，可这个时候，观众席中却传来了躁动。

原来，其中一个观众带着自己的孩子来观赏音乐会，希望借此能够让孩子喜欢上钢琴。可是这个孩子只有 9 岁，他无法在座位上长时间安静地坐下，于是他趁着母亲不留神的时候，溜上了演出台，并且直接坐到了琴凳上。这个小男孩刚刚开始学习钢琴没多久，但是看到眼前这个反射着灯光光芒的钢琴，他忍不住开始演奏起自己刚刚学会没多久的曲子。

在气氛严肃的音乐会上，随意触碰钢琴本身就是对钢琴家极不尊重的事情，而且每位钢琴家为了保证自己的演奏水平，钢琴都要经过非常繁琐的调试，并且保证钢琴的最佳状态。所以当这个小男孩开始弹奏钢琴的时候，其他观众便开始议论起来，这个男孩究竟是谁？怎么能随意碰触钢琴呢？小男孩的母亲也非常吃惊，她想要赶快上舞台。

可就在这个时候，帕岱莱夫斯基走上了舞台。他在后台的时候听到有琴声，就连忙从休息室里走了出来，可是在上台的片刻，他就明白了究竟发生了什么。于是他走到小男孩的身边，坐下，随着小男孩的音乐开始弹起和声来，并且在小孩耳畔低声鼓励他：“继续弹，不要停止，我们合作一曲。”

就这样，观众席也安静下来，静静聆听着这首非常特殊的曲子，一曲即终，演奏厅内爆发出热烈的掌声。这掌声，不仅仅是给小男孩精彩的演出，更重要的是，为了帕岱莱夫斯基的胸怀。

故事微语

在内心中，除了压力之外，还有另一种包袱，这就是荣誉。在我们很多人的一生之中，都会获得一些荣誉，这些荣誉是对于过往成绩的一份交代。然而，也有很多人会因为这些盛名而无法走出内心的牢笼。

很多莘莘学子在大学期间，是校园内的风云人物，他们享受这种无形的荣誉，但是当他们走上社会之后，却无法适应作为新人的默默无闻，这就是无法走出内心盛名囚笼的一个很普遍的现象。面对这一切，其实只有做最真实的自己方能成全自己。

换一种角度想，就如同帕岱莱夫斯基一样，作为世界著名的钢琴家、作曲家，他身上的荣誉当然可以让他享受世界上乐迷的喜爱。可是在这场演奏会之中，他面对小男孩，却放下作为世界著名钢琴家的光环和名誉，为观众奉上一首最真实的、来自童真的乐曲，并且赢得了雷鸣般的掌声。

其实，盛名、荣誉之于我们，不过是对过往的一种肯定，并不能成为我们内心的包袱；不过是激励我们继续前行的动力，却不能成为让我们骄傲的源头。

心灵箴言

交不为利，仕不为禄。

——嵇康

争名者于朝，争利者于市。

——刘向

莫言名与利，名利是身仇。

——杜牧

在科学上没有平坦的大道，只有不畏劳苦沿着陡峭山路攀登的人，才有希望达到光辉的顶点。

——[德] 马克思

第三篇

放下贪念，方得快乐

每个人的一生究竟在追寻什么，这个问题或许并没有真正的答案，有的人追求的是一世安稳，有的人追求的是丰衣足食。不论我们追求的是什么，但是有一样大家确实相同的，那就是希望收获快乐。快乐，是一种情绪，但同时也是一种生活的态度，这才是人生的终极追求。

天生我材必有用，千金散尽还复来

故事话题

世界首富比尔·盖茨先生名下的净资产高达数百亿美元，但是他身边的人却从来都不觉得他像是一个富豪，因为比尔·盖茨在生活中是一个非常节俭的人。

在很多人的印象中，富豪应该会有自己的私人飞机、私人游艇，哪怕没有私人飞机，在坐飞机的时候也一定会选择相对舒适一些的头等舱。然而，比尔·盖茨大部分坐飞机的时候都会选择经济舱。除此之外，他对衣食住行都非常不讲究，甚至连几套名牌服装都是专门为了出席商业活动准备的，平日里他常常都是穿着性价比非常高的大众牌子的衣服。不仅如此，据说，比尔·盖茨对于商场里的打折物品非常感兴趣。

但是比尔·盖茨却并非是真的吝啬，不舍得花钱，而是将钱花在自己认为该花的地方——比尔·盖茨和他的太太致力于发展慈善和公益事业，并且创立了慈善基金会，专门帮助非洲等相对贫穷国家的妇女和儿童。

有媒体曾经在采访比尔·盖茨的时候提问道，他现在已经拥有数百亿的

资产，那么面对自己子女的教育，他们有什么长远目标吗？比尔·盖茨表示，他会把自己财产的95%都捐出去，只留下5%左右的资产，作为给儿女的遗产，以备不时之需，但是子女的道路，永远是他们自己走出来的。

故事解析

比尔·盖茨作为身价数百亿的世界级富翁，可是他在生活中却丝毫没有其他富翁对享受、物质方面的追求，而是选择将自己的家产全部用于慈善事业，甚至连自己的子女都只能享用5%的遗产。或许有很多人并不能理解比尔·盖茨的做法，甚至有些人会认为，如果他将自己的全部资产都分配给自己的子女，那他们这一辈子都无需去工作，就能够过上衣食无忧，甚至仍然是非常奢华的生活，但是比尔·盖茨却并不这样认为。

人生在世，究竟什么才是我们应该追求的，这似乎并不是一个非常好回答的问题，有的人想要实现心中的梦想，有的人赚得多多的钱，有的人则是想要做最社会栋梁。但是当我们进入社会之后，才能发现，原来在我们身边有太多的诱惑。这种诱惑有的是来自金钱，有的是来自名贵的物质，甚至也有可能来源于我们的内心。

然而，当我们无法拒绝这种诱惑，一旦打开心中的贪念时，那么就好似背上了一个无形的枷锁，让我们在不知不觉中就迷失了人生方向，唯有放下心中的贪念，才能让自己的心灵变得纯净，才能让我们有时间、有空间去享受生活。

故事穿越

每个人在成长过程之中，首先要树立一个正确的、健康的价值观，只有拥有了正确且健康的价值观，才能正确看待金钱。

作为原美国布朗大学校长，现任卡内基基金会主席的瓦尔坦·格雷戈里安，在他的一生之中，他非常感激自己的祖母，在自己的成长道路上为自己建立了正确的价值观。格雷戈里安在很小的时候，他的父母就因为疾病过世了，年幼的格雷戈里安只能跟自己的祖母一起相依为命。

据格雷戈里安回忆，他的祖母也是一个非常可怜的女人，因为战争和疾病，祖母的几个子女（也就是格雷戈里安的叔叔和姑姑们）都过世了，但尽管经历了人世间最痛苦的事情，却并没有因此而让祖母失去对生活的信心。

童年时期的格雷戈里安常常会被别人同情，同情他的遭遇、同情他没

了父母。有一天他哭着跑回家，祖母看到之后就询问他发生了什么事，原来因为家里穷，他被小伙伴们欺负了。这些小伙伴不仅说格雷戈里安没有父母，甚至家里穷到连一个像样的玩具都买不起。祖母听完，帮助他擦干了脸上的眼泪，说："孩子，有两件事一定要记牢。第一是命运，那是你无法控制的；第二是你的性格，那可是在你掌握之中的。你可以失去你的美丽，也可以失去你的健康和财富，但是你决不能失去你的性格，因为性格是掌握在你自己手中的。"

格雷戈里安听完之后，也逐渐明白了，既然命运无法选择，那么就通过自身的努力改变现状，最终，他成为了美国布朗大学校长，现任卡内基基金会主席。

故事微语

有了正确的价值观，才能在心中正确摆放金钱、物质的地位。金钱、物质能够让我们充分享受生活，但是却不能让我们真正感到幸福和快乐。

很多人都有这样的误区，以为有钱就有一切，就可以买到很多别人得不到的东西，于是他们想尽办法，甚至不择手段去取得财富，这样一来便迷失了自己。往往这种人连一个知心朋友也不会有，因为在他们眼里只有自己，他们不相信别人，他们身边周围的人也只会阿谀奉迎，使他们越来越失去自我反省的能力。

我们不能用金钱来衡量一个人。尽管有些人很穷，可他们却很有骨气，正所谓"人穷志不穷"，相比较那些为了钱而出卖朋友，泯灭天良的人高尚太多了。况且世界上也有更多的东西是金钱无法买到的，比如时间，"一寸光阴一寸金，寸金难买寸光阴"，时间对于任何一个人都是公平的。如果有很多钱，却没有时间花，那要那么多钱有什么用。还有，健康也很重要，如果整天躺在病床上，有钱也没用。除此之外，亲情、友情、爱情更是无价之宝，它们像春风，温暖了我们的心，带给我们无限的喜悦和幸福。有了它们才算得上是一个真正富有的人。

心灵箴言

人生的价值，并不是用时间，而是用深度去衡量的。

——[俄] 列夫·托尔斯泰

你若要喜爱你自己的价值，你就得给世界创造价值。

——[德] 歌德

人生的价值，即以其人对于当代所做的工作为尺度。

——徐玮

人生应该如蜡烛一样，从顶燃到底，一直都是光明的。

——萧楚女

人的一生可能燃烧也可能腐朽，我不能腐朽，我愿意燃烧起来！

——[苏联] 奥斯特洛夫

葛朗台的痛苦和穷光蛋的快乐

故事话题

东汉时期，有一个叫作羊续的官员，他为人正直、清廉，并且嫉恶如仇，非常鄙视当时官僚权贵贪污腐败的现象。羊续的生活非常简朴，除了官服之后，他的衣服基本上都有补丁，吃粗茶淡饭。他有一个下属叫作焦俭，羊续对他有知遇之恩，所以他对羊续充满了感激之情。看到羊续年复一年、日复一日地过着这种生活，他总觉得羊续太清苦了。

有一天，他无意中听闻羊续其实原来很喜欢吃鱼，于是就自己到市场买了一条鱼给羊续送去，希望羊续能改善一下自己的生活。不过他很了解羊续的为人，知道他根本不收别人送来的礼物，就说：“平时你把我当朋友、当兄弟，我给你送一条鲤鱼过来，聊表我的朋友之情，你也是知道我的为人的，我断然不是那些阿谀奉迎之流。”

羊续一听，觉得自己再坚持不收，就有些太不近人情了，于是他拱了拱手，说道：“既然如此，那我就恭敬不如从命了。”但是等焦俭离开之后，羊续就把这条鱼挂在屋外，却并不吃。

到了第二年，焦俭又买了一条鲤鱼，他以为一年只买一条鱼，这并不算什么，于是他拎着鱼又来到了羊续家。这一次他依法炮制，依然是去年的那套说辞，可是不成想羊续却指着挂在屋外的一条已经风干的鱼说：“贤弟请看，你上一次送来的鱼我还没有吃呢。”焦俭明白，这也是一种变相的拒绝，便长叹口气，带着鱼离开了。

故事解析

如何来判定一个人是否真的快乐，并非是依照他的财力而言。在为官的过程中，羊续就是快乐的。在羊续的心里，任何一种贪污受贿都是可耻的，他的底线非常鲜明，做人非常讲究原则，很多人都在质疑，一条鲤鱼而已，又不是什么多么名贵的东西，可是羊续却能够做到置之不理。

如果我们换个角度来看，羊续接受了焦俭的鲤鱼，并且吃掉了，这就完全违背了羊续走上仕途之后的原则，或许在很多人眼里看来，这并非是什么大事，但是在羊续眼里，这就是违反了原则的大事，那么他能开心吗？

真正的快乐，往往和金钱没有什么直接的关系，并非是有钱就一定能够快乐，也并非是穷人就一定不会快乐。真正的快乐来源于我们的内心，当我们放下心中的贪念，自然就会发现生活中众多美好的事物，也就能从中获得一份宁静的快乐。

故事穿越

著名的地质学家李四光，曾经在1948年接受了国际地质学会的邀请来到英国做一场学术交流。那个时候，正是解放战争的后期，李四光虽然人在英国，但是他的心却时常关注着国内的局势。有一天，他看到英国某报纸上刊登着一则消息：“12月2日，沈阳解放……”那一刻，他激动得热泪盈眶，一直以来，他都非常期望新中国能够成立，那样的话，他就可以回到自己的祖国贡献自己的力量了。

后来，在剑桥大学中国留学生举办的聚会上，李四光便当着所有留学生的面激动地说：“尽管我现在已经60岁了，身体也不好，但是当新中国成立之后，我一定要回到祖国去，把自己的余生全部献给新中国！”

这番话很快便传到了国民政府的耳中，于是国民党当局找到了李四光，掏出了预先准备好的5000元美金的支票，要求李四光在各大媒体面前公开声明，否认新中国。并且威胁他，如果不按照他们所说的做，那他不仅得不到这5000美金的支票，更有可能会被永远滞留在英国。但是李四光丝毫不为所动，并且厉声斥责道：“我归国之心岂是用美金就能收买的？”

在新中国成立之后，中国政府立刻与李四光接洽，经历了千辛万苦，李四光终于回到了祖国，并且在自己的领域中做出了卓越的贡献。

故事微语

每个人心中都有自己的梦想，李四光的梦想就是回到祖国贡献自己的力量，然而这个梦想虽然简单，但是在当时的环境之下，却是有太多阻碍挡在他的面前。尽管当时摆在他面前的，看似是5000美金的诱惑，却挡住他实现梦想的障碍。金钱可以买到很多物质方面的东西，却买不来一个人心中最坚定的梦想。

或许有人会问，究竟什么才是真正的幸福，什么才是真正的快乐？

真正的幸福和快乐都是来源我们内心的满足，这份满足有可能是因为平淡却衣食无忧的生活，可能是因为在奋斗的道路上，可能是因为一段美满的爱情，可能是因为为了梦想而努力……幸福和快乐更多的只是内心深处的一种感受，而非是通过金钱和物质来操控的。既然如此，我们为何要去执着那份不能给我们带来快乐和幸福的物质享受呢？

富翁并不一定能够快乐生活，穷人也并不一定感受不到快乐，所以，适当地放下心中的贪念，放飞自己的内心，去感受真正的快乐和幸福吧。

心灵箴言

金钱可以是许多东西的外壳，却不是里面的果实。

——[挪威] 易卜生

金钱不是做奴隶就是做主人，二者必一，别无其他。

——[古罗马] 贺拉斯

如果你把金钱当成上帝，它便会像魔鬼一样折磨你。

——[英] 菲尔丁

金钱能做很多事，但它不能做一切事。我们应该知道它的领域，并把它限制在那里；当它想进一步发展时，甚至要把它们踢回去。

——[英] 卡莱尔

真正的快乐来源于努力和忘却

故事话题

被世人称之为“鞠躬尽瘁，死而后已”的忠臣诸葛亮自幼就是非常努力的人，他之所以能够在日后成为刘备一方的谋士、军师，都是得力于他幼年的勤劳努力。

在他少年时代，他就跟随着“水镜先生”司马徽学习，那个时候还没有时钟，只能依靠着日晷来估算时间。为了能够照顾每堂课时，司马徽就训练自己的公鸡，每到一课时，公鸡就打鸣。所以每次公鸡打鸣，就是下课的时间。诸葛亮非常努力学习，可有的时候他正听到兴头上，公鸡就打鸣，司马徽先生便让他回家了。

为了能够让自己多听些课，诸葛亮就想，怎么才能让公鸡到了时间不打鸣呢？于是他每次上学的时候，就在衣兜里装一些粮食，估计公鸡快打鸣了的时候，他就偷偷地给公鸡喂食。这样一来，公鸡吃饱了，自然也就不打鸣了。刚开始司马徽也并没有注意到这个小小的变化，但时间长了，他也觉得奇怪，怎么公鸡不打鸣了呢？很快，他就发现了诸葛亮的小把戏，不过他非但没有责备诸葛亮，反而被诸葛亮努力好学的精神感动了，于是便更加用心地教育起诸葛亮，并且把自己的毕生所学全部传授给了诸葛亮。

也正是通过司马徽的教育和自身的努力，诸葛亮终于成为一代名臣，他上知天文、下知地理，并且成为了刘备军队的智囊军师。

故事解析

纵观历史，我们总能轻易就得到结论——“吃得苦中苦，方为人上人。”有太多这样的历史案例，都告诉我们一个很浅显的道理，任何人的成功都不是偶尔和侥幸，都是通过自身的不懈努力达到成功的。

有很多人都曾经羡慕过诸葛亮的睿智，然而，诸葛亮之所以能够在后期成为刘备的军师，那么在他学习的过程中，必定就会比别人更加努力。尽管这个故事看起来只是充满了一个少年小聪明，却仍然告诉我们，没有人能随随便便地成功。

只有努力生活、努力获得，我们的人生才能充满绚烂的色彩，生活才能无比精彩和充实，而在努力的过程中，我们也会收获到一种来自付出的快乐。

故事穿越

著名的相声大师、语言大师侯宝林先生自幼家境贫寒，只读了3年小学，就无法再继续下去。后来他先是学习京剧，一年之后，又辗转学起了相声。尽管生活依旧非常艰苦，但是侯宝林却知道知识的重要，他非常努力地看书，甚至到了废寝忘食的地步，希望借此能够弥补自己没有上太多学的遗憾。而且在学习相声的过程中，他也明白只有多看书、多观察生活，才能让相声这门艺术真正发展下去。

有一次，侯宝林听说明代曾经有一本笑话书叫作《谑浪》，但是因为年代久远，这本书并不好找。为了买到这本书，他跑遍了北京城大大小小的旧书摊，可是摊主不是没有听说过，就是根本没见过，这下他犯了难。终于，他的朋友告诉他，北京图书馆应该有这本藏书，他连忙跑到图书馆内去查阅，果然发现了这本书。

然而，北京图书馆的书只能借阅，却并不能拥有，他阅读了一遍之后觉得这本书非常有用，就决心自己抄写下来以便今后还有需要。当时还是寒冬腊月，每天他都顶着严寒跑到图书管理区抄书，一连半个多月，他终于将这本书十余万字全部抄写下来。

后来，侯宝林先生通过自身努力，改革了很多相声之中粗俗的风气，以高雅的情趣与格调的质朴、正派的台风赢得了广泛赞誉。

故事微语

正所谓“台上一分钟，台下十年功。”尽管这句话最初只是用来形容梨园行内的京剧大师，但实际上对于侯宝林先生同样如此，当他在台上受到观众们的热捧时，当他成为别人口中的“相声大师”时，当他将原本有粗俗风气的相声提高了一个档次时，又有多少人会知道，为了能够做到这一切，侯宝林先生所付出的努力呢？

我们所有人都知道要勤奋，要努力地生活和工作，但是这份坚持却非常不容易，这就好比总是有人说我有一个远大的目标，我心怀抱负和信念，但是却没有勤奋和努力，那么梦想就只能是梦想，目标也只能是目标，仅此而已。当我们在追求梦想和目标的时候，当我们一步步地朝着自己的梦想和目标前行的时候，或者是在我们实现了梦想的时候，收获到的快乐绝非是物质能够相比较的。

所以，正如那句话所说，如果梦想是成功的起跑线，信心和决心是起跑时候的枪声，那么勤奋和努力就是我们全力以赴的狂奔，只有坚持到了最后，才能获得真正的成功和快乐。

心灵箴言

奋斗是万物之父。

——陶行知

必须在奋斗中求生存，求发展。

——茅盾

人类要在竞争中求生存，便要奋斗。

——孙中山

办事贵有定见，不贵有成见，定见者，在我之知识学问，不与世为推移者也。

——袁枚

在心里树立远大的目标

故事话题

著名的史学家、文学家司马迁的父亲司马谈就是一位史官，在司马迁很小的时候，他的父亲就常常教育他，史官最重要的一点并非是要拥有高官厚禄，而是要真实地、不偏不倚地记录下历史上真实发生的一切。在父亲过世之后，司马迁就下定决心，一定要完成一部能够“藏之名山，传之后人”的史书巨著。

但是命运对他却非常不公，在他开始着手撰写《史记》之后的第 7 个年头，朝廷上发生了一次重大的案件——李陵案。其实这个案件并非是非常严重的冤案，大将军李陵在和匈奴对抗的战争中，因为寡不敌众而写下了投降书，汉武帝听后大怒，但是司马迁却觉得李陵将军并非是真的想要投降，肯定有自己的用意，况且李陵只带领了 5000 兵马，此次仍然能够以如此少的人数，杀敌无数，皇帝不如调查清楚。可是汉武帝哪里听得进去这些，反而认为司马迁和李陵是串通的，于是下令对司马迁施行“宫刑”。

这是非常残忍的一种刑罚，并且辱及先人，司马迁不仅承受了肉体上的痛苦，并且在精神上也承受了非常巨大的打击，甚至一度想要自行了断。但是，他一想到父亲生前对他说的话，又想到自己自小树立的目标，他还是决定忍辱负重，专心写书。在经过了几年的努力之后，旷世之作《史记》终于完成。这本著作不仅仅史料丰富且详实，并且开创了我国纪传体通史的先河，就连鲁迅先生都高度赞扬《史记》，称之为“史家之绝唱，无韵之离骚。”

故事解析

有很多人都有这样的感受，在长跑的时候，如果前面有一个目标，或许我们就会感觉轻松许多，如果没有这个目标，那么长跑的路程虽然没有变化，可是却非常容易使人感到疲倦。人生就好比是一场长跑，所以在内心深处为我们的人生设定终极目标是必要的，但在实现终极目标的过程中树立小目标同样重要。

司马迁撰写《史记》，也绝非是一蹴而就，在他实现这个目标之前同样也有很多小目标等着他去完成，比如学习，比如做官，如果不学习，他是无法用自己的文笔去记录史料，如果不做官，他无法接触到朝代的核心究竟发生了什么。在这些小目标面前，他是成功的，但是在他通往终极目标的时候，却突然发生了状况。

我们常常说，人的潜能是巨大的，当我们面对巨大的悲痛的时候，人常常能够发挥出巨大的能量，而在经受沉重打击的时候，心中的远大目标和梦想则是支撑下去的动力来源。司马迁正是最好的例子，为了能够完成《史记》，在经受了宫刑的痛苦之后，他依然能够不放任自己，不自暴自弃，又有谁能说他不是一个顶天立地的大丈夫呢？

故事穿越

著名的化学家、发明家阿尔弗雷德·伯纳德·诺贝尔一生之中对人类最重要且最著名的贡献，便是发明了安全炸药。在当时，烈性炸药虽然用途普及，但是由于过于危险，对于人类危害也是巨大的。诺贝尔就下定决心，要将烈性炸药改造成安全炸药，让它能够充分被人类利用且不会伤害到人类自身。

为了完成这个目标，诺贝尔做了很多实验，但是这些实验都是非常危险的，稍有不慎，就有可能伤害到自身的性命。可是面对这样的危险，诺贝尔并没有放弃，在1862年夏天，他开始了对硝化甘油的研究。有一次，在实验过程中，实验室发生了爆炸，就在一瞬间，诺贝尔的五个助手全部牺牲，诺贝尔的小弟弟也在其中。但是诺贝尔依然没有放弃。

这次爆炸事件之后，诺贝尔身边再也没有人能够帮助他了，其他人不愿意赔上自己的性命，就为了研究炸药，更没有人愿意将实验室租给他，生怕再次发生爆炸事件。诺贝尔想了很多办法，最终，他决定将这项危险的实验搬到市郊湖泊上的一艘船里。尽管此时他身边已经没有了助手，也没有太多的资金支持，可是诺贝尔依然没有放弃自己心中的目标。

终于，经过长期的研究，他终于发现了一种非常容易引起爆炸的物质——雷酸汞，于是他用雷酸汞做成炸药的引爆物，成功地解决了炸药的引爆问题。

故事微语

当我们的生活之中充斥着太多的物质，或许有的人就会随波逐流，逐渐迷失了自己曾经的梦想，因为我们每个人都是生活在社会这个大环境之中，难免会被影响。然而，当我们内心深处拥有一个坚定的信念、一个远大的目标，任何外界能够影响我们的因素都不能构成威胁。只有心中树立远大的目标时，我们才不会被物质所迷惑，才不会因为贪念就放弃，才不会因为偶然的挫折就妄自菲薄。

在内心之中树立了一个远大的目标，人就仿佛是拥有了无穷的动力，更能够专注在自己擅长的领域之中。或许有人会说，我的人生目标就是要赚更多的钱，可是金钱却并非能够承担起人生目标的。真正的终极目标不过是一个代名词，或许这一生我们为之奋斗，却永远都不能获得，可是我们却在这长途跋涉的过程之中收获到了一份快乐。可是金钱却无法承担这样的重任。

所以想要获得真正的成功、收获真正的快乐和幸福，那么就请放下对金钱、对物质的贪念，在内心深处树立一个值得去奋斗终身的目标吧。

心灵箴言

有了长远的目标，才不会因为暂时的挫折而沮丧。

——[英] 查尔斯·C·诺布尔

一个崇高的目标，只要不渝地追求，就会成为壮举。

——[英] 华兹华斯

在一个崇高的目标支持下，不停地工作，即使慢，也一定会获得成功。

——[美] 爱因斯坦

感恩失败，收获另一场胜利

故事话题

哥伦比亚广播公司(CBS)的制片主任摩洛·路易士在这一生之中，曾经经历过两次非常严重的失败，但是他并没有被这种失败所打倒，而是从失败之中，寻找到一条属于自己的成功之路。

路易士最初是在一家广告公司工作，那时候的他非常喜欢广告设计这个职业，并且做得有声有色。时间久了，他决定自己创业。和很多刚刚开始创业的人一样，他每天都忙着说服自己的客户，去赞助一个叫作《纽约交响乐》的栏目，但实际上，这个工作本身就是非常困难的，很多人都在心里认定，路易士是不可能成功的。

通过自己的努力，很多客户都被他说服了，眼看着计划马上就要实现的时候，可是由于合约内部出现了问题，路易士的计划失败了。可以说，这是路易士非常在意的一个计划，但是却在最后关头成为了泡影。这对于所有人都是非常大的打击，甚至有可能会一蹶不振。但是路易士并没有这样，他开始寻找自己失败的原因。

很快，他再度杀回到广告业界，并且成为了华纳影片公司旗下一个子公司的副总经理，并且专心致力于传播媒体的推广。由他的公司所提供的多样化综艺节目，为 CBS 公司带来了空前的成功。

CBC

故事解析

在人的一生之中，我们常常会遇到各种各样的挫折和磨难，没有谁能够真正一帆风顺，更没有人能够此生万事如愿。既然如此，面对失败，我们就要有属于自己的态度。人们常说，一个人真正的成熟，是从一场彻头彻尾的失败开始的。是的，在失败面前，有的人能够鼓起勇气，从失败中收获最真实、最珍贵的经验，而有的人却是意志消沉，一蹶不振。

在这个世界上，几乎没有人敢拍着胸脯坚定地说：我从来都没有失败过。失败并非是无法承认的事情，在失败面前，我们无须抱着那一点可怜的面子，倒不如坦然面对自己的失败，放下心里的郁闷，重新踏上征程，只有这样才能取得真正的成功。

就如同摩洛·路易士一样，哪里跌倒，就在哪里爬起来。所以，经受失败，就是人生之中的必经之路，是人生的催熟剂，我们都应该感谢挫折，而不是躲避挫折。只有敢于直面它，我们才能真正地从内心深处战胜它。

故事穿越

著名的发明家爱迪生一生之中发明了很多东西，其中一个改革弧光灯的实验，让爱迪生伤透了脑筋。为了达到这个目的，爱迪生必须要搞分电流，变弧光灯为白光灯，可是这个实验却非常难，于是爱迪生提出，要找到一种能够承受住几千度一个小时以上燃烧的物质来做灯丝，而且还不能太过昂贵。

首先，爱迪生先尝试用碳化物质做实验，但很快他就发现碳化物质无法达到要求，于是他又用金属铂和铱高熔点合金做灯丝，除此之外，甚至用了 1000 多种物质作为灯丝来试验，可是都以失败而告终。

据说，光是这样一个灯丝的实验，爱迪生的试验笔记竟然多达200多本，共计4万余页，我们很难想象，究竟是多少次失败的试验。为了获得成功，他曾经连续三年的时间，每天工作十八九个小时。直到凌晨三四点的时候，他才头枕两本书，躺在实验用的桌子下面睡觉。有时候，他一天在凳子上睡三四次，每次只睡半小时。就这样，大约经过5万次的试验，写成试验笔记150多本，爱迪生这个实验才获得了最终的成功。

故事微语

很多人曾经都有过这样不切实际的想法，如果人这一生之中，没有经历过失败和挫折，那该有多好。可是如果真的能够如此，我们是否又会觉得生活是索然无味、毫无激情了呢？失败，不仅仅是人生赋予我们每一个人的考验，同时也是对我们最直接的激励。爱迪生之所以能够面对如此多的失败仍然没有放弃，就是因为在失败之中，他能够收获更多的经验，那么对于我们，同样如此。

任何一个事物都是具有双面性的，失败也同样如此。如果我们只将目光局限在表面上，那么我们只能看到失败带来的伤害和负面影响。反之，当我们能够关注到到失败的背后，那我们就能够收获到意想不到的惊喜。

可以这样说，完全没有任何一条成功的道路是平坦的，而挫折和失败就是摆在路中间的大石头，只有当你跨过这些石头时，才会成功。所以不要害怕失败，把失败当作一扇进屋的门，打开这扇门，你才会看到宜人的风景。

心灵箴言

失败是坚忍的最后考验。

——[德] 俾斯麦

灾祸是一个人的真正试金石。

——[英] 鲍蒙特·弗莱彻

在厄运中满怀希望，在好运中不忘忧虑，这样便能泰然担待祸福。

——[古罗马] 贺拉斯

这世界除了心理上的失败，实际上并不存在什么失败，只要不是一败涂地，你一定会取得胜利的。

——[英] 亨·奥斯汀

第四篇

放眼未来莫回首

我们时常会感到郁闷，因为过往总会有一些事情让我们感到不快，但是切勿因为过往的伤害，就被乌云笼罩了天空。当我们放眼未来，过往便只能成为回忆中的一段，而不能成为影响我们心情的因素。未来，才是充满了挑战的无限可能。

佛曰：人生八苦

故事话题

北宋著名的改革家、文学家、政治家王安石变法失败，不仅王安石受到了惩罚，就连一向耿直敢言的苏轼也受到了牵连，成为政治斗争的牺牲品。原来苏轼在湖州担任知府的时候，写了一篇文章《湖州谢表》，在文章里，他表达了自己对于废除改革措施的惋惜，也发了一些牢骚，说自己“愚不适时，难以追陪新进”、“老不生事或能牧养小民”。于是就有一些官员上书皇帝要弹劾苏轼，认为他讽刺政府，是对皇帝的不忠，于是苏轼就被关押了起来，这就是历史上著名的“乌台诗案”。

但是经过了“乌台诗案”之后，苏轼的仕途生涯受到了致命性的打击，这对于任何一个封建社会之中的读书人都是非常严重的事情。在那段时间，苏轼心灰意冷，尽管仍然担任黄州团练副使的职务（因“乌台诗案”被降职），可是他的内心之中却没有了半点斗志。恰好在黄州城外就是著名的“赤鼻矶”（也叫作赤壁山，并非是赤壁大战之处），所以苏轼常常到那里，并在这里写下著名的《赤壁赋》、《后赤壁赋》和《念奴娇·赤壁怀古》等名垂千古的词句。

因为黄州团练副使的俸禄非常低，根本就不够生活，所以苏轼只好叫人开垦了城东的一块薄地，靠着种田来帮补生计。可是在耕种的过程中，他再次感受到了乡村淳朴的风情，让他倍感温暖，逐渐地，他走出了内心的伤痛。最终，他也得到了朝廷的重任。

故事解析

佛曰：人生有八苦，生、老、病、死、爱别离、怨长久、求不得、放不下。这也正是我们每个人内心痛苦的来源，所以我们才要学会如何去忘怀。

忘怀过去，是一种心理平衡，让我们能够更加坦然地去面对生活、面对未来。无论过去带给我们的是辉煌的成就，还是不堪回首的失败，都只停留在过去，如果我们不能忘却辉煌带给我们的荣誉、失败带给我们的伤感，那么我们如何继续在人生道路上前行呢？所以，忘怀过去，才能让我们心胸开阔，才能让我们的心灵得到释放。

我们不能否认的是，在我们的一生之中，总会有一些回忆成为无法忘却的过往，无论这份过往是一个人、还是一段时光，总会有这样一个过往，充斥在我们的内心深处，让我们无法忘却，也无法放下，却纠结在心口。然而，我们不能纠结于已经成为过去的人或事，而是应该将目光放在未来。所以，记住该记住的，忘却该忘却的，才能让我们心无牵挂、轻松前行。

故事穿越

老百姓熟知的笑星赵本山，童年家境贫寒，吃了不少苦，在赵本山5岁的时候，他的母亲就过世了，父亲为了生计，万般无奈之下只好远走他乡。那时候的赵本山只好跟着自己的盲人二叔赵德明一起生活，可是赵德明也只是一个身体有残疾的民间艺人，他只能保障赵本山最基本的衣食住行，根本无力供他读书，勉强读到初中就辍学了。

为了生存，赵德明开始教赵本山一些本领，比如弹三弦、拉二胡、吹唢呐、抛手绢、打手玉子、唱小曲、二人转小帽等，赵本山很快便掌握到了这些手艺，于是就开始和赵德明一起登台表演。

起初他也有些自卑，自己不仅长得不好看，也没什么真正的本事，可是他登台之后一表演，观众们都觉得节目非常精彩，拼了命地叫好。赵德明就告诉赵本山，不管自己经历过什么，上了台，你面对的就是观众，他们给你叫好，你就是演得好，他们给你嘘声，就说明你演得不好。赵德明的话虽然朴素，但是却让赵本山放下了心里的包袱和内心的自卑。

后来，赵本山成功地登上了春节联欢晚会的舞台，并且成为老百姓心目中最名符其实的笑星之一。

故事微语

忘记过去，不仅仅是我们的人生课堂，更是我们自身的一种能力，是一种自强不息的体现。赵本山的童年非常悲惨，但是他却没有沉溺在这种悲痛之中无法自拔，而是选择了坚强面对，那么作为我们，为何不可以呢？

忘却过去的失败，是为了让我们内心充满自信，去面对未来的挑战；忘却过去的痛苦，是让我们收获到一个宁静的内心世界；忘却过去的遗憾，是为了让我们放下心里的包袱，在人生的旅途中轻松上阵……

所以在人生之中，我们还要学会一种本领，这种本领虽然不能教会我们穿衣吃饭，但是却能够让我们获得轻松且快乐，这就是忘却的力量。

心灵箴言

享受着爱和荣誉的人，才会感到生存的乐趣。

——[英] 莎士比亚

在你发怒的时候，要紧闭你的嘴，免得增加你的怒气。

——[古希腊] 苏格拉底

在人类的一切发明中，最美妙的发明是善良的上帝！

——[法] 罗曼·罗兰

一个人，快乐舒畅地作了今天的工作，同时快乐舒畅地迎接明天的工作，是应该受到人们的赞扬和鼓励的。

——[英] 狄更斯

退一步，海阔天空

故事话题

唐朝名将郭子仪，在平定“安史之乱”和抵御外族入侵的过程中建立了赫赫战功，但却因为这样突出的功绩遭到了旁人的嫉妒和陷害。当时皇帝身边的心腹——大太监鱼朝恩因为太过嫉妒郭子仪的威名和皇帝的器重，于是就找人暗地里毁坏了郭子仪父亲的坟墓，将尸骨锉骨扬灰。当时远在前线的郭子仪并没有听说此事，直到他班师回朝之后，唐代宗皇帝才将这件事情告诉他。

古往今来，中国人都很讲究“入土为安”，被人挖坟掘墓是非常严重的事情，唐代宗起初非常担心郭子仪会有什么过激的反应，但是当郭子仪听闻此事之后，竟然伏地大哭，不过让唐代宗吃惊的是，郭子仪说道：“臣将兵日久，不能禁阻军士们残人之墓，今日他人挖先臣之墓，这是天谴，不是人患。”意思就是说，我带领很多将领到前线去打仗，但是因为战乱，我无法将这些战死沙场的士兵的尸首都处理好，是我的失职。我的父亲在往生之后遭此劫难，并非是别人的陷害，而是这些战死沙场的兄弟们对我的天谴。

唐代宗听闻之后，也大受感动，于是更加信任和器重郭子仪。但是鱼朝恩却开始坐立不安，毕竟郭子仪手握兵权，如果他调查出这件事情是他做的，在皇上面前参他一本，就连皇帝都保不住他。思来想去，鱼朝恩决定先下手为强，就在家中宴请郭子仪。鱼朝恩一直风评都不太好，郭子仪的手下都知道这就是一出鸿门宴，纷纷劝阻郭子仪不要去，郭子仪却表示自己心中有数。

果然，在宴会之上，鱼朝恩闪闪烁烁，一副非常担心的样子。倒是郭子仪从容淡定。鱼朝恩非常诧异，便问道：“你竟然敢来？”

郭子仪回道：“我为什么不敢来？是因为你陷害我的事情，还是因为你挖我父亲的坟的事情？这两件事情我问心无愧，有愧疚的应该是你，我为

什么不敢来？”

鱼朝恩听闻，立刻就说：“请郭将军原谅我的一时糊涂……”

郭子仪挥挥手说：“既然我敢来，其实就是说明我并未太过在意，原本我也是生气的，但是想到那些战死沙场的兄弟，我内心也充满了愧疚。不如就让我们握手言和吧。”

听到郭子仪这样说，一向以阴险狠毒著称的鱼朝恩也感动得嚎啕大哭，后来，他非但不陷害郭子仪，反而处处维护郭将军。

故事解析

正所谓："忍一时风平浪静，退一步海阔天空。"

人生在世，总会遇到一些我们并不愿意遇到的种种过节，我们将这种过节称之为"恩怨"，甚至有人说，错误好说，恩怨难解。在历史上甚至曾经出现过因为家族恩怨而产生的人生悲剧。然而所谓恩怨，有很多事情并非是真正的值得去记恨的，所以面对那些过往的恩怨，我们更应该的是开阔胸怀，宽容对待。

即便是有些恩怨是真实存在的，也无需太过在意，网络上不是有句话说——"我们为什么要用别人的错误来惩罚自己呢?"

故事穿越

西汉的名相陈平，是西汉王朝的开国功臣，是刘邦身边非常重要的谋士之一。但是今天我们要讲述的不是陈平的锦囊妙计，而是他的宽广胸怀。

陈平在年轻的时候，家境非常贫寒，父母双亡，只能和哥哥相依为命。尽管父母早逝，但是陈平和哥哥一直记得父亲临终前的遗嘱，一定要考取功名、光宗耀祖。因为哥哥不善读书，而陈平则从小就展现出了读书的天赋，所以哥哥就叫他好好读书，其他的工作不要去管。可是这在嫂子眼中，却成了非常大的负担，于是每每趁着哥哥外出干活的时候，就对陈平冷嘲热讽，指责他是在家里吃白食的。

陈平平日里顾及到兄嫂的感情，也不说破，可是嫂子却是变本加厉。直到有一天，陈平实在无法忍受嫂子的恶言恶语，便离家出走，想要依靠自己的力量去建功立业。哥哥回到家里，看不到陈平，就厉声询问自己的妻子，妻子最终说了实话。哥哥连忙到处寻找，终于在离家不远处的地方找到了陈平。

回到家之后，哥哥非常生气，在封建社会，一直奉行着“长兄如父、长嫂如母”的规矩，可是嫂子却如此对待陈平，哥哥决定要休妻，也就是现在的离婚。可是陈平连忙拉住哥哥，说嫂子每日操劳，实属不易，最终在弟弟的求情下，哥哥和嫂子重归于好。

故事微语

恩怨，是人与人交往的过程中矛盾的升级。正如那句话所说，有人的地方就有江湖，有江湖的地方就有恩怨，这恩怨或大或小，但是在很多人内心深处却无法轻易释怀。

宽容别人，并不仅仅是原谅别人的过错，更是放过自己。放下恩怨，也并不仅仅是放下过去一段不开心的往事，更是让自己收获一颗轻松自在的心。

太过执着于恩怨，对于现状无济于事，没有任何正能量，反而很容易走入死胡同中，让我们不得开心颜，既然如此，又何必苦苦纠结于那些过往的恩怨呢？

心灵箴言

宽容精神是一切事物中最伟大的。

——[英] 欧文

智慧的艺术就是懂得该宽容什么的艺术。

——[美] 威廉·詹姆斯

不会宽容别人的人，是不配受到别人宽容的。

——[俄] 屠格涅夫

一个伟大的人有两颗心：一颗心流血，一颗心宽容。

——[美] 纪伯伦

洒脱人生，才能拥有更多精彩

故事话题

美国著名的政治家、思想家，担任美国第十六任总统的亚伯拉罕•林肯在面对自己的政治敌人的时候，态度非常柔软，并没有像其他领导人那样对待政治敌人非常强硬。于是，就有人批评林肯说：“你的态度怎么能这样软弱呢？不要总是试图去和政治敌人成为朋友，这样的想法是非常天真的。你应该想办法打击他们、消灭他们。”

林肯便笑着说：“这种想法怎么能是天真的呢？如果我能够说服那些和我政治立场不同的人与我成为朋友，那么我们之间的关系就不再是政治敌人了。”

林肯正是通过自己如此宽容、洒脱的态度，让那些和他政治立场不同的人都非常敬佩他，两度被选为美国总统。至今为止，在林肯纪念馆的墙壁上还刻着这样一段话：“对任何人不怀恶意；对一切人宽大仁爱；坚持正义，因为上帝使我们懂得正义；让我们继续努力去完成我们正在从事的事业；包扎我们国家的伤口。”

故事解析

林肯为人宽容、洒脱，他曾经多次表示过：“人生最美好的东西，就是同别人的友谊。”他任职的期间，不仅取得了美国南北战争的胜利，并且废除了奴隶制度、解放了黑奴，但是林肯却在此之后，被拥护奴隶制的狂热分子残忍杀害。

林肯在很多人心中都成了英雄，也有人会问，如果林肯最初听从了朋友的建议，对于那些政治立场不同的人采取疯狂打压，而非宽容的做法，或许林肯不会因此丧命。但是，既然选择了其中一条道路，自然就是要勇往直前、排除万难，而不是在选择之后不停地纠结是否选择正确。

我们的人生总是会遇到各种各样的岔路口，既然经过深思熟虑选择了其中一个方向，或者是一种方法，那就不要回头看，或者是在内心纠结，如果当初选择了另一种，现在会是什么情况。人这一生之中，做过大大小小无数的选择，或许不是每一个选择都是无比正确的，即便如此，我们要做的不是后悔，而是总结，所以放开过往，坚定前行吧。

故事穿越

古人云：“成大事者不拘小节。”纵观历史，真正取得成功的人往往都很善于取舍，对于人生之中非常重要的转折点，往往都能准确地把握，即便是付出了惨痛的代价，他们也并不会后悔当时的决定，而是将目光放在未来。

唐太宗李世民在登基之前，并不是太子，当时的太子是李建成，而李世民则是秦王，但是由于太子李建成和齐王李元吉非常妒忌李世民的显赫战功，于是就排挤他，甚至计划如何除掉李世民，以保住自己的太子之位。为了保住自己的性命，李世民只好选择先下手为强，带领几个极其信任的心腹，便制造了“玄武门之变”。

这一场“玄武门之变”不仅让李世民解除了自己的危机，取得了太子之位，同时也是杀害了自己的亲生兄弟。

故事微语

这一场“玄武门之变”，成为后人批评唐太宗李世民的主要罪状，认为他过于狠毒、冷血，为了争夺帝位，连自己的亲兄弟都不放过。但是在当时的情况之下，双方已经到了“不是你死就是我亡”的阶段。而在“玄武门之变”之后，李世民虽然得到了太子之位，很快，李渊又将皇位禅让给了他，但是却始终没有从内心中原谅李世民。

可是，李世民从来都不后悔自己的选择，更不会去纠结如果当时没有策划“玄武门之变”，会发生什么样的事情。而是将自己的全部精力放在了治国上，不仅坐稳了大唐江山，同时致力于发展经济、农业、军事和科技等方面，终于开创了一代盛世，史称“贞观之治”。

面对自己的所作所为，李世民并没有纠结是否正确，而是保持一种非常洒脱的处理态度，既然发生了，那就坚持下去。而现如今的我们也要同样如此，正如网络上那句“既然是自己选择的路，即便是跪着，也要将它走完。”所以放下内心中的纠结，全力以赴每一个明天吧！

心灵箴言

得之，我幸；不得，我命。

——徐志摩

当你紧握双手，里面什么也没有；当你打开双手，世界就在你手中。

——《卧虎藏龙》

一切都是暂时的，一切都会消逝。一切逝去的，都会变成美好的回忆。

——（俄）普希金

人生是一场大火。我们每一个人唯一可做的就是从这场大火中多抢救一些东西出来。

——（美）比尔·盖茨

有些伤害让我们一夜长大

故事话题

有这样一则小故事，以前有个年轻人非常穷困，他就很感慨自己为什么会这样穷困潦倒呢？于是他就找到一个非常有智慧的老者诉说了自己内心的苦闷，老者问他，为什么会感觉到失落呢？年轻人就说是因为贫穷，才让他如此失落。老者又问道，那么给你很多钱，却让你瘫痪在床，你是不是愿意？年轻人非常肯定地说，当然不愿意。老者又问，那把全世界的财产都给你，可是让你立刻死去，你愿意吗？年轻人瞪圆了双眼说，我都死了，还要全世界的财产做什么？老者这才说，你现在这么年轻，就等于拥有了全世界最宝贵的财富，怎么能说自己穷呢？年轻人这才重新找回了生活的信心。

这不过是一个寓言小故事，但是美国心理学家艾里斯就曾经根据这个小故事提出过一个关于人类心理的理论——“情绪困扰”。他认为，造成人们情绪结果的因素不是事件本身，而是个人的信念。因此，许多在现实中遭遇挫折的人，往往认为“自己倒霉”，“想不通”，然而，这些

想法不过是本人的片面认识和解释，正是这种认识才产生了情绪的困扰。实际情况是，人们的烦恼和不快，常常与自己的情绪有关，同自己看问题的角度有关。能否战胜挫折，关键在于任何情况下都不被一时的失意和不快左右，永远怀着希望和信心，就能从逆境和灾难中解脱出来。

故事解析

在我们的一生之中，总会遇到各种各样的挫折，甚至是一些必不可少的伤害，但是，这些伤害却能够让我们迅速成长。

曾经有人说，在伤害面前我们才能激发最大的潜力，但也不能否认，伤害之于我们，更多的是精神上的。所以在面对伤害、面对挫折，不妨换一种心态，将这些伤害和挫折都当作是一种学习和积累——当我们和朋友发生了矛盾的时候，或许才能更懂得友情的珍贵；当我们和亲人发生摩擦的时候，或许才更明白什么叫生活；当我们和同仁之间发生了观念的不同的时候，或许才能明白什么叫坚持，什么叫妥协。

不要因为担心伤害，就变得止步不前，就变得畏手畏脚。人生就如同一条起伏连绵的线，有顶端，自然也有低谷，正如爱迪生所言，失败是我所需要的，它和成功对我一样有价值。只有在我知道一切做不好的方法以后，我才知道做好一件工作的方法是什么。

故事穿越

日本非常著名的教授多湖辉曾经在NHK电视台里制作了一档叫作《一米一之视野》的节目，节目的内容主要就是讲述小学一年级学生的就学与一般生活状况，风格有点类似于纪录片。因为小学一年级学生的眼睛高度，平均在一米一左右，所以他们就以一米一来定义一年级的学生。为了体现出学生们的视角，多湖辉就规定摄影机在拍摄任何镜头的时候，都要处在一米一的高度之上，所以镜头里出现了很多成年人无法想象到的、对孩子造成无形的困难：

小学生因为个子矮，走在街上够不到自动贩卖机嘴上买的按钮；有些学生想要打公共电话，却因为拿不到话筒而放弃；有些学生住在大厦很高的楼层，在电梯里却因为够不到电梯按钮，只能走楼梯……

这个栏目播出之后，在全日本引起了强烈的反响，很多人这才注意到，原来

故事微语

有人曾说过这样一句话："如果生活只是晴空丽日而没有阴雨笼罩，只有幸福而没有悲哀，只有欢乐而没有痛苦，那么，这样的生活根本就不是生活——至少不是人的生活。"

人生中难免会碰到一些挫折和失败。它是人生旅途上一粒不起眼的小沙子，遇到它，勇敢地将它扫除；它是一片乌云遮住灯塔，让通往人生彼岸的船只迷路；它是一注污水，随时会流入人生大海中；它是人生路上的绊脚石，让人磕磕绊绊地在人生路上前进!

挫折和失败，会让人心惊，会让人胆寒，也会让人不知所措。要让胜利的曙光照亮在大地上，遇到挫折，只有坚持不懈，勇往直前，以乐观的态度面对挫折，在内心里就想着只是为留一份可贵的经验，那么，胜利是举手可得的。

挫折，足以让一个人迅速成长。茅以升曾说过：困难只能吓倒懦夫懒汉，而胜利永远属于敢于攀登科学高峰的人。所以，在成长的路上，要以好的心态对挫折，你的经验值才会是芝麻开花——节节高。

心灵箴言

我们手里的金钱是保持自由的一种工具。

——[法] 卢梭

你明白，人的一生，既不是人们想象的那么好，也不是那么坏。

——[莫泊桑] 莫泊桑

如果痛苦换来的是结识真理、坚持真理，就应自觉地欣然承受，那时，也只有那时，痛苦才将化为幸福。

——张志新

严肃的人的幸福，并不在于风流、娱乐与欢笑这种种轻佻的伴侣，而在于坚忍与刚毅。

——[古罗马] 西塞罗

舍弃痛苦，迎来快乐人生

故事话题

著名的思想家、教育家苏格拉底被称呼为西方哲学的奠基者，他时常会发表一些自己的研究理论。正是因为如此，苏格拉底常常会遇到向他请教的人，有一天，一个年轻人就跑来问他说："亲爱的苏格拉底先生，我心里一直放着一件事，为了这件事，我整日都不得开心，我想请问你……"

苏格拉底还没等他说完，就打断他的话，问道："朋友，我先请问你，你要告诉我的这件事情，你是否能确保它一定是真实的、客观的吗？"

年轻人想了想，摇了摇头。

苏格拉底笑着说："原来如此，那你就不要讲给我听了，除非那是件好事。请问你讲的那件事是不是好事呢？"

年轻人也摇了摇头。

苏格拉底拍了拍年轻人的肩膀，说道："年轻人，既然如此，不妨把这件事情忘记了吧。我们每个人一生之中都有很多有价值的事情，哪有功夫去理会这种不好又没必要知道的事情呢？"

故事解析

正如苏格拉底所言，人生在世，有价值的事情非常多，但是也会有很多“既不好又没有必要知道的事情”纠缠在我们内心之中，既然如此，反倒不如将这些事情全部忘却。只有忘却这样不好的事情、放弃那些不好的过往，才能让我们全力以赴今后的旅程。

放弃过往，并非是让自己全然忘却，而是有选择性的。放弃那些让我们不开心、不释怀的人或事，放弃是要经过深思熟虑后才能迈出的步子。其实，放弃和拥有是既对立又统一的，你在这一刻放弃，可能下一刻就会拥有另一样东西，你在这一刻拥有了，那就意味着你放弃了另一样东西。所以，我们学会适当的时候放弃，继续迈向明天的路，远方还有一片阳光在等着你！

故事穿越

有一部电影叫作《海上钢琴师》，电影讲述了一个被命名为“1900”的弃婴在一艘远洋客轮上与钢琴结缘，成为钢琴大师的传奇故事。电影中的1900此生从未走下过这艘轮船，在他的内心中，这艘船就如同1900的家，而音乐则是他的生命。

然而，一次偶然的机会，1900和爵士乐巨星的琴技比赛让1900出了名，于是就有人对他说，如果他想到城市里生活，那么迎接他的就会是比爵士乐巨星更光鲜靓丽的生活，这是一个非常诱人的条件。但是在考虑很久之后，1900决定放弃那些所谓的物质和财富，即便是遇到了一见钟情的女子，都没让他走下这艘被他内心定义为最安稳的家的“维珍尼亚号”蒸汽船。

最终，这艘船因为时间过久，无法再出海航行而要被炸毁，1900原先的朋友——小号手不顾别人的阻拦，终于在已经成为废弃垃圾的船舱内找到了1900，但是1900仍然拒绝随着小号手下船，反而是内心平静地等待着随着船只沉入大海……

故事微语

这是一个看似悲伤的故事，但是细想之下，我们却非常理解1900的做法，其实在每个人的内心中都有一艘“维珍尼亚号”，或许在外人眼中看来，1900的选择过于决然，但我们也同样能想到，如果1900走出船舱，过着外界这些充满了竞争、不再平静的生活，或许那份痛苦远比肉体上更加让人难过。

痛苦，对于每个人都是不同的，我们的内心深处，总会藏着一些不愿意被外人所碰触的伤口，与其让这些伤口影响我们的情绪，倒不如将这些伤痛遗忘，换得内心一片宁静。

心灵箴言

如烟往事俱忘却，心底无私天地宽。

——陶铸

心胸豁达，足能涵万物；心胸狭隘，无能容一沙。

——[英] 安东尼奥·波尔基亚

拒绝别人一定要委婉，因为没有人喜欢被拒绝；被人拒绝一定要大度，因为拒绝你的人总有他的理由。

——汪国真

第五篇

成全一份碧海蓝天

情感，是每个人生活的必需品，无论亲情、友情，还是爱情。但是在情感中，能够收获的并不仅仅是幸福，也有可能是伤害。放下情感带来的伤害，或许对每个人而言，都是必经之路，也是一堂必修课。如何放下，如何看淡，这全然都在于我们的心。

拥有一段纯粹的友情

故事话题

春秋战国时期，楚元王刘交推崇儒家思想和道教，广招天下贤能之士，一时之间成为天下美谈，有不少贤能之士都来到楚国为他效命。在积石山上住着一个叫左伯桃的人，他自幼就勤勉读书，养成了济世之才，学就安民之业。但是在那个年代，诸侯割据，而且这些诸侯之中都是仗势欺人的霸者，很少有所谓的贤君，所以左伯桃一直隐居在积石山，不愿意出仕。

后来他听说刘交真的是个贤君，于是他就准备投靠他。在路上，左伯桃走了一整天，眼看天就黑了，就在这个时候，左伯桃遇到了同是书生的羊角哀。羊角哀家境贫寒，但同样也是饱读诗书，恰好他也是准备去投靠楚元王刘交，两个人就准备结伴而行。这一晚，左伯桃和羊角哀围着一点点火光畅谈起来，两个人非常投机，大有相见恨晚的架势。

第二天一早，两个人继续赶路，可是由于干粮有限，恰好这个时候又突然下起暴雪，让本来就陷入苦境的左伯桃、羊角哀更加窘迫。这时候，左伯桃就开始在心里想，他们现在的干粮勉强只能够一个人吃，才能到达楚国，否则两个人都要饿死，在加上现在天气寒冷，如果这样下去，很难支撑得住。而他没有羊角哀知识渊博，如果两个人之间只能留下一个人，他情愿做出牺牲。于是他故意不小心摔倒在地，羊角哀连忙跑过来，问他摔伤了没有。左伯桃说自己摔疼了，想靠着一块大石头休息片刻，羊角哀不疑有他，连忙去找大石头。

不成想，当他把大石头搬来的时候，却看到左伯桃已经脱光了衣服，赤身裸体地躺在雪地里，此时的他被冻得只剩下一口气了。羊角哀此刻终于明白原来这些都是左伯桃的计谋，难过得大哭起来。左伯桃就对他说，不要伤感，穿上我的衣服、带着干粮速速赶路，等到有朝一日他功成名

就，为了天下建功立业，也算是我的造化了。说完这番话，左伯桃就过世了。

悲痛欲绝的羊角哀只好按照左伯桃的遗愿去做，他穿上左伯桃的衣服，带着仅有的一点干粮，最终赶到了楚国。楚元王刘交召见羊角哀的时候，羊角哀立刻奉上计策10条，并且对刘交说，这10条计谋足以让楚国国富民强。刘交听完之后非常高兴，立刻下令让羊角哀做中大夫，并且赏赐黄金百辆、绸缎百匹。但是羊角哀却跪倒在地，拒绝了刘交的赏赐，并且把左伯桃的牺牲如实禀报，他说自己把10条计策奉献给楚元王，也算是完成了自己的使命，现如今他要去寻找并处理好左伯桃的尸首了。楚元王刘交一听，也非常感动，便不再勉强。

后来，羊角哀终于找到了左伯桃的尸首，并且为他香汤沐浴、入土为安。此后，羊角哀便一直在这里为左伯桃守墓，直至终老。

故事解析

这是一段令人感动的友情，左伯桃和羊角哀之间的情谊最能够打动人的，就是那种心甘情愿的牺牲，为了朋友宁可牺牲掉自己的生命。尽管在现如今，牺牲性命这种做法并不可取，但是我们要说的是这样一段纯粹的友情。

曾经有人说过：“财富不是真正的朋友，朋友才是永久的财富。”是的，友情是这一生之中最值得珍惜的情感之一。古今中外，有太多人都曾经赞美过友谊，这是我们一生之中的财富。当我们在顺境的时候，友情是一种陪伴、一种分享的喜悦；当我们在逆境的时候，友情就是一味良药、一份分担。

友情，并非是能够用物质、身份来划分的，越是纯粹的友情，越不会在意这些，就好比古时的管鲍之交，双方心意相通，这才是最纯粹的友情。

故事穿越

古今中外有太多令人感动的友情，古有伯牙、子期，国外有马克思、恩格斯。马克思和恩格斯之间的友情同样非常纯粹，他们之间的友情是建立在有着共同的信仰之上的。

青年时期的马克思就有着要改造社会的理想，但同样因为这些，他长期受到反动政府的迫害，只能流亡在外。就是在这段流亡期间，他认识了有着同样信仰的恩格斯。流亡生活中的马克思过得非常艰苦，为了生计，他常常不得已去典当行换些铜板，但仍然入不敷出。

恩格斯看到马克思生活上的窘迫，便决心成为马克思的左膀右臂，为此他开始经营起自己十分厌恶的商业，将自己所挣来的金钱源源不断地寄给马克思，让他能够安心研究工作和革命活动。对此，马克思心怀感激，但却从来不会客气，因为他知道，如果真的客气了，就只会玷污这份友情。对恩格斯最好的回馈，就是更加珍惜这份友情，心怀感激。

就这样，恩格斯和马克思成为一对因为革命而结识的好友——如果他们住在同一个城市的时候，那一定是要天天见面，共同探讨问题；如果他们分开了，那么两个人就依靠信件往来，彼此交换对政治事件的意见和研究工作的成果。两个人相互帮助，合作了有40年，建立起了伟大的友谊。

正如列宁所说的“古老的传说中有各种各样非常动人的友谊故事，后来的欧洲无产阶级可以说，它的科学是由两位学者和战友创造的。他们的关系超过了古人关于人类友谊的一切最动人的传说。”

故事微语

友情，是我们这一生之中必不可少的情感之一，但是拥有什么样的友情，并非是依靠身份、地位、物质、金钱这些因素，更重要的是我们自己内心中希望拥有什么样的友情，如何对待朋友。当我们以真诚而纯粹的情感去面对朋友，那么我们得到的也是这样的一段友情，如果我们带着有色眼镜、或者掺杂功利之心，那么得到的友情势必也夹杂着这些。

俗话说，人生得一知己足矣，千金易得，朋友难求。所以，朋友是人的精神生活中一个重要的组成部分，没有友谊的人，就好比生活在寂寞的荒野；缺乏朋友的人，便会感到人间的孤独。人们需要友谊，是因为真诚的友谊可以使人奋发，使人欣慰，使人快乐，使人向前。

心灵箴言

傲慢亵狎，导人为恶者，损友也。

——朱熹

君子与君子以同道为朋；小人与小人以同利为友。

——欧阳修

搏弈之交不终日，饱食之交不终月；势力之交不终年，惟道义之交可以终身。

——金缨

道义相砥，过失相规，畏友也；缓急可共，死生可托，密友也；甘言若饴，游戏征逐，昵友也；和则相攘，患则相倾，贼友也。

——苏溶

因为懂得，所以慈悲

故事话题

清朝康熙年间有一位叫张英的大臣，他为人宽容，早年中了进士之后，一直做官做到了大学士。有一年，他老家的亲戚来信说，因为修建房屋，他们和邻居吴秀才家发生了矛盾。原来事情是这样的，原本张英亲戚和吴秀才家早有约定，约定两家墙角相连，但是吴秀才家在修改房屋的时候故意挪过去了一些距离，这样就侵害到了张英家人的利益，所以他们就写信给在朝廷中做大学士的张英，希望他能来主持公道。

张英看到这封信之后，有点哭笑不得，于是他提笔写下了一首诗："千里修书只为墙，让他三尺有何妨。长城万里今犹在，不见当年秦始皇。"写完之后，就派人把信寄回给了老家的亲戚。

亲戚们接到了张英的回复之后，明白了张英信里面的含义，于是主动退让了三尺的地方。而隔壁的吴秀才一看张英家人有如此大的宽容之心，自己非常愧疚，于是也退让了三尺的地方。这就是著名的"六尺巷"的故事。

故事解析

人生在世，总会遇到一些让我们愤愤不平的人或事，亦或是某一种让我们意难平的情感，但如果我们过分强求，反而更容易让我们钻进情感的死胡同，无法走出心绪的桎梏。

庄子说，人其实只会被自己真正在乎的东西所羁绊，如果你什么都不在乎，便没有任何东西可以捆绑住你的心，于是便能臻至“乘物以游心”之化境了。正所谓“无欲则刚”，当我们内心对任何事情都能抱有一颗平常心，那么自然而然也就不会纠结于那些虚幻的情感之中，更不会因为得到或者是失去而再起涟漪。

人生短短数十载的光阴，只有学会随缘，懂得放下，才能心无挂碍，体会到日日是好日，处处皆月圆。所以，放下心头那些求而不得的情绪，才能收获真正的快乐。

故事穿越

著名的教育家张伯苓先生在中国近现代史上，为中国的教育事业做出了卓越的贡献，自从 1919 年开始，他先后创办了南开大学、南开女中、南开小学，先后为中国培养、教育了大批优秀的人才。

张伯苓非常重视对学生们的教育，并且能够做到身体力行，理解学生们的心思。有一天，他发现一名学生的手指被烟熏黄了，就非常严肃地劝告学生说："这位同学，相信你也知道，吸烟有害健康，所以你要开始戒烟了！"

可是那位学生反过来将了他一军，说道："张老师，您好像也吸烟

吧，难道您吸烟就对身体没有害处了吗？"

张伯苓一听，觉得这位学生说得很有道理，既然自己也吸烟，又有什么理由去责令别人呢？于是他连忙取来自己的所有香烟，连同他用了多年的烟袋杆，当着这名学生的面全部销毁。这名学生觉得有点不好意思，想就这样算了，但是张伯苓却拉住他说："从今以后，我与诸位同学一同戒烟。"果然，在此之后，张伯苓和这位同学都没有再吸烟。

故事微语

张伯苓的做法，或许在很多人眼里看来有些不可思议，但是他却能够把自己和学生放在同一个水平线上，并且充分了解每个学生们的心理。

有很多时候，内心深处充满了不理解，并非是因为不愿意去理解，而是没有做到真正的设身处地。细想来看，我们内心深处的多处不平，就是来源于此，如果我们能够做到设身处地地为他人着想，或者是站在对方的角度去思考，那么一切恩怨都能够迎刃而解，也不会因此而产生任何不快。

所以，请放下内心深处的种种不平，试着去宽容、去理解那些我们曾经纠结、郁闷的过往，用宽容和慈悲之心去化解内心之中的苦闷。

心灵箴言

好事须相让，恶事莫相推。

——王梵志

最好的满足就是给别人以满足。

——[法] 拉布吕耶尔

人家帮我，永志不忘；我帮人家，莫记心上。

——华罗庚

世界上能为别人减轻负担的都不是庸庸碌碌之徒。

——[英] 狄更斯

你要记住，永远要愉快地多给别人，少从别人那里拿取。

——[苏联] 高尔基

随缘，是一种人生态度

故事话题

又无法接受，只好婉言谢绝道："年轻人，我想画画可能并不适合你……"

年轻人并不在意，他非常清楚纪雷拒绝自己的原因，于是他连忙说道："您是不是觉得我失去了双臂，如何能画画呢？但是我还有两只脚

呢。”说完，他就立刻请主人取来纸笔，席地而坐，用脚趾夹着笔画了起来。尽管他是用脚趾作画，但是画作却非常出色，已经具有了很深的绘画功底。在场的宾客无不被他的精神所感动。纪雷也被他感动了，当场宣布收他为徒。这就是后来著名的无臂画家杜兹纳。

有人曾经问过杜兹纳，当年他已经具有很高的绘画功底，为什么还要拜纪雷为师？杜兹纳反而非常坦然地说：“学海无涯。”

故事解析

对于任何一个人而言，无论是学习，还是事业，都是永无止境的，但是机遇同样重要。杜兹纳能够遇到纪雷，就是一份难能可贵的缘分。在我们这一生之中，缘分是非常重要的，随缘正是我们安然处事的一种原则。

随缘，并非坐等万事休，更是一种在全力以赴之后的随遇而安。对于那些想要完成的梦想，我们必将竭尽所能，但是结果如何，却并非完全在我们的掌握之中。既然如此，与其强求自己获得一个好的结果，倒不如以随缘的心态去面对。能够收获到我们渴望的结果，自然是努力的结果，如果最终没有完成，那也不必太过自怨自艾，无非是缘分不到而已。

缘之一字，有深有浅。缘来固然可庆，缘散何须哀怨。懂得随缘者，心就能做到无挂碍，所以拥有人生最大的自由。所以，面对人生之中的事情，不如心怀随缘，让生命最终给你一个答案吧。

故事穿越

东汉汉灵帝在位时期，有一个名叫蔡邕的大臣，他为人耿直，是个眼睛里容不下沙子的人，所以每当他看到不好的现象，就一定要说出来，不管对方是谁，哪怕就是汉灵帝，他也决不妥协。也正是因为他这个性子，导致了他在朝廷之中树立了很多政敌，就连汉灵帝也越来越不喜欢他。

蔡邕自然知道自己这个不好的处境，随时都有被加害的危险，为了保命，他只好随便打点了一些行李，逃出了京城，到吴地隐居起来。蔡邕本人通晓音律，哪怕是弹奏中一点小小的差错都逃不过他的耳朵，不仅如此，他对琴也很有研究，关于于琴的选材、制作、调音，他都有一套精辟独到的见解。

有一天，蔡邕正坐在屋子里感慨自己的避世，正巧听到女房东在隔壁烧柴做饭，他耳朵非常灵敏，甚至能够听出女房东将木柴扔到火炉里、能听到木材被烧得噼里啪啦作响。突然，他听到一声清脆的爆裂声，这个声音绝对不是来自普通的木材被烧的声响。他连忙跑了过去，恰好看到一块上好的桐木被女房东当成了柴火扔到炉灶里，他顾不上火势，连忙把桐木拽了出来。

女房东看到他这个架势吓了一跳，结果蔡邕只好跟她解释说："这不是普通的木材，是上好的桐木，特别适合做琴。不如将这块木材卖给我吧。"女房东自然同意。可蔡邕仍然觉得有点可惜，这块木材虽然很完整，但还是有一些小小的被烧过的痕迹，但没想到的是，后来蔡邕将这块木材做成了琴之后，音色精美，后人就将这把琴称之为"焦尾琴"。

故事微语

缘分，是非常神奇的，能够让两个原本陌生的人成为莫逆之交，也能够让一件不好的事情变成好事。在蔡邕心中，或许从没有想过这把琴能够通过这场“火光之灾”变成世界上独一无二的“焦尾琴”，但这也是一场缘分。

缘分，并不随着我们每人的意识为转移，更不会因为我们的潮起潮落而承担着起承转合的作用，所以对于人生的种种经历，我们似乎只能做到全力以赴，却并不苦苦纠结于真正的结果。有很多事情其实并没有真正的结果，这就好比我们常常追寻那些功名利禄，到最终却并没有因此而改变什么。

正如同曹雪芹先生在《好了歌》中所言：“世人都晓神仙好，惟有功名忘不了！古今将相在何方？荒冢一堆草没了……”人生在世，真正的追求并非是什么功名利禄，也绝非是纠缠一世的情感恩怨，而是一份平静的内心。

心灵箴言

时间迅疾地飞去——我们多么希望一切事物能与它同飞。

——[德] 尼采

人拥有的东西没有比光阴更贵重、更有价值的了，所以千万不要把今天所做的事拖延到明天去做。

——[德] 贝多芬

有些书可供一尝，有些书可以吞下，有不多的几部书则应当咀嚼消化；这就是说，有些书只要读读它们的一部分就够了，有些书可以全读，但是不必过于细心地读；还有不多的几部书则应当全读，勤读，而且用心地读。

——[英] 培根

以拥抱的姿势去对待

故事话题

著名诗人徐志摩的第一任太太张幼仪是一个非常传统的女性，在和徐志摩这段婚姻中，她同样也是包办婚姻的受害者，可是命运带给她的满是情感的创伤。

在徐志摩到英国留学的时候，张幼仪被徐父、徐母安排到徐志摩身边，希望借此来拴住这个男人的心，可此时的徐志摩已经爱上了才女林徽因，所以他对张幼仪的态度更加冷淡。很快，张幼仪再次怀孕，但是一心想要离婚的徐志摩对待这个尚未出生的小生命没有半点的亲切感，反倒让她把孩子打掉。直到这个时候，张幼仪的心彻底死了，为了顺利产子，她只好到德国投奔自己的二哥，并且和徐志摩办理了离婚手续。

在离婚之后，张幼仪顺利产下一子，取名彼得，为了照顾好自己的孩子，也为了能够继续生存下去，张幼仪开始振作起来，不仅开始学习德语，并且进入了裴斯塔洛齐学院，专攻幼儿教育。后来又回到了中国，顺利出任上海女子商业银行副总裁，以及云裳服装公司的总经理，将自己的商业才华发挥得淋漓尽致。

在徐志摩和陆小曼结婚之后，因为陆小曼过惯了奢侈的生活，导致徐志摩一度经济财政状况非常糟糕，捉襟见肘，而这个时候，却是张幼仪向他伸出了援助之手。这个女子以自己的坚韧和勇敢，尽管她没有赢得徐志摩的爱，但是却赢得了世人的尊重，和一个女人应该拥有的尊严。

故事解析

爱，是一个永恒的话题，但是爱，却并不仅仅有甜蜜和幸福，同样也会拥有痛苦和伤害。有很多人都无法走出爱情带来的伤害，甚至就此沉沦下去，然而，这些都不是爱的本意，也绝非是爱的真谛。

当一段爱情成为了过往，不管是擦肩而过，还是痴情错付，无论是守望还是背叛，我们都不应该太过纠结于曾经的付出和伤害，相知相爱本身就是一种成全。与其因为抱怨而产生更多的怨恨，倒不如放下心中的这份执念，让我们相忘于江湖。

放下爱，并非是放下曾经在一起的幸福，而是放下心中的怨气，不仅仅是给对方一个台阶，更是给自己一条退路。当前进的方向已然被堵死，倒不如留着一丝尊严，转身离开。懂得这个道理的人，往往更容易满足，更容易坚强面对。

故事穿越

那句“因为懂得，所以慈悲”的撰写者张爱玲，是世人眼中最懂得爱情真谛的女子，她的爱情恰好就表现了一个女子对待爱情的聪明。

张爱玲和胡兰成之间的爱情故事，被很多人演绎过多遍，无非是一个花花公子和一个痴情少女的甜言蜜语。但是当张爱玲得知胡兰成背着她和其他女人走到了一起之后，她毅然决然地离开了这个男人。

这个男人给了她最美好的初恋，给她带来了众多创作的灵感，也给她带来了一段不算美满的婚姻，同样也有着背叛的伤痛，但是在最后，张爱玲给胡兰成写了一封绝交信：“我已经不喜欢你了，你是早已不喜欢我了的。这次的决心，我是经过一年半的长时间考虑的，彼时唯以小吉故，不欲增加你的困难。你不要来寻我，即或写信来，我亦是不看的了。”

故事微语

爱情是每个人内心深处都非常渴望的情感，但是爱情却并非千篇一律，我们重要的是要正确面对爱情带来的伤痛和平凡。有些爱情，只是柴米油盐的陪伴，有些爱情，却是荡气回肠的感悟。尽管如此，我们始终都要面对，当爱情失去了最初的激情之后，我们更应该接受爱情趋于平淡之后。

有些伤痛，能够交给时间去平复，有些伤痛，自然是要用我们的内心去化解。其实在爱情中受伤并不可怕，可怕的是不懂得如何放下这些伤痛，或者是过分执着于这些伤痛，那么我们只能处于一个纠结的状态。如果我们能够用拥抱的方式去面对过去，那么即便是某些伤害，我们仍然会心存感激，感激那些给我们带来伤害的人，因为正是他们，教会了我们什么是爱。

心灵箴言

爱是美德的种子。

——[意] 但丁

爱是理解的别名。

——[印度] 泰戈尔

人间如果没有爱，太阳也会灭。

——[法] 雨果

爱是生命的火焰，没有它，一切变成黑夜。

——[法] 罗曼·罗兰

岁月静好，现世安稳

故事话题

艾萨克·阿西莫夫作为世界顶尖级别的科幻小说作家，他在写作上取得成就，不仅仅取决于他的能力，更取决于他一次看似轻率却非常正确的选择。

在当作家之前，阿西莫夫正从事生物化学方面和数学研究的工作，在很多人眼里，这都是一个非常体面且有保障的工作。但是在工作的过程中，阿西莫夫发现自己有创作科幻小说的欲望和才华，于是他就在心里想，既然我不能成为世界一流的科学家，但是我可以成为世界一流的科幻小说家。就这样，阿西莫夫告别了大学课堂生化实验室，回到家中，潜心开始了科幻小说的写作。就这样，他一生撰写了480部科幻著作，也为他赢得了世界上最负盛名的科幻小说家的荣誉称号。

故事解析

我们每个人都有自己的存在价值，或许有很多人曾经都这样想过，为什么我没有成为世界上最举重若轻的那个人呢？为什么我没有站在领域的最高点呢？其实，人生在世，能够登上顶峰并非那么重要，阿西莫夫之所以选择放弃大学讲堂和实验室里安稳的工作，心甘情愿地窝在家里开始了未知的写作生涯，就是因为他认清了自身的价值。

但如果要问当时的他如此付出，就真的是知道自己一定能够成功吗？其实这主要就是来源内心中的一份自信，一份对自己的信任、对能力的信任，更是对生活的信任。当我们内心充满了自信，自然就能过着平淡的生活，并且在这种平淡中全力以赴地奋斗。

故事穿越

曾经在《百家讲坛》之中成功讲述了“大明名臣”——张居正、于谦、戚继光等节目的郦波教授，原本只是南京师大文学院里的讲师，但是他非常喜欢上课，发誓要给大学生们上好每一堂课，让学生们学有所得。为此，他每次上课前都会花几天的功夫去备课，每次上课他都能有着清晰的思路、引人入胜的故事，所以学生们都非常喜欢这个看上去“儒雅、风趣”的老师。

其中有很多学生都很喜欢央视的《百家讲坛》栏目，纷纷给栏目组写信，推荐这位历史老师到《百家讲坛》中去担任讲师，就这样，郦波走上了《百家讲坛》的讲台。一向站在讲台面前从不怯场的郦波，站在这里心里却突然没底了，他不知道自己能否满足栏目组的要求，也不清楚自己的节目是否能够受到观众们的欢迎。可是当他真正站到了讲台上的时候，突然间脑海中就闪现出张居正的种种事迹，而他的心情也随着历史中的跌宕起伏而变化着，就仿佛是演绎了张居正的一生，到了情节高潮的时候，他不禁潸然泪下。

节目播出之后，受到了观众无数的好评，但是对于郦波而言，他只是完成了一项工作，对于网上的那些评论，他并未真正在意，从头到尾，他只是一个大学讲师，只是郦波。

故事微语

尽管这几次《百家讲坛》让郦波大受欢迎，但是他却并没有因为自己出名而改变自己的生活，更没有改变自己对授课的要求，他依旧像过去那样备课、授课，生活依旧平淡。

其实平淡生活，就是一种人生中最大的追求，更是人生的真谛。

平淡生活，是一种知足常乐的心态，我们不可能要求生活尽善尽美，但是我们仍然可以用百分之百的热情去投入到生活之中，不会过于妄想，贪图一劳永逸，奢望一步登天。只有用心，认真地做好每一件小事。

平淡生活，才更能够接近生活的真正核心，生活之中虽然会有浪漫的、充满激情的碰撞，但更多的却是柴米油盐的平凡，只有内心中的宁静和珍惜，才能让我们在生活之中不会常常患得患失。这些都是生活教会我们的事。

心灵箴言

走自己的路，让别人说去！

——[意] 但丁

最伟大的真理是最平凡的真理。

——[俄] 列夫·托尔斯泰

我们看到，大东西都是由许多小东西组成的。

——[英] 罗·勃朗宁

如果自身伟大，任何工作你都不会觉得渺小。

——[英] 乔·麦克唐纳

心灵榜样微史话

王维

王维，汉族，唐朝著名诗人、画家，字摩诘，号摩诘居士，世称“王右丞”，因笃信佛教，有“诗佛”之称，代表诗作有《相思》、《山居秋暝》等，与孟浩然合称“王孟”。苏轼评价他为：“味摩诘之诗，诗中有画；观摩诘之画，画中有诗。”

王维早年间也和其他走上仕途的官员一样，在政治上有着非常大的抱负，但无奈的是现实却没有给他提供这样好的条件，甚至到了晚年，更是让他见识到了仕途的黑暗。这一场浩劫不仅仅打乱了他原本平静的生活，也让他对仕途开始产生了绝望。

直到这时候，王维终于放下心中执着了多年的夙愿，开始过着与世无争的生活，并且开始创作大量作品，取得了巨大的成就，无论边塞、山水诗、律诗还是绝句等都有脍炙人口的佳篇。

马未都

马未都，出生在北京，著名的收藏家、古董鉴赏家，现为中国民主建国会会员，观复博物馆创办人及现任馆长，《中国网》专栏作家、专家，曾经登上央视著名栏目《百家讲坛》主讲收藏，同时也是超级畅销书作家。

1981 年，在《中国青年报》发表了小说《今夜月儿圆》，被许多读者视为传统文化的启蒙读物，小说发表后，被调为《青年文学》的编辑。

20 世纪 80 年代末开始，马未都与王朔、刘震云等人一起组建了“海马影视创作室”创作了颇有影响的电视剧《编辑部的故事》、《海马歌舞厅》等。在这个时候，他开始真正接触到古玩市场，到了 90 年代，他收藏的老玩意儿已经有一千多件。这时候，他开始萌生要创办一家私人博物馆，向大众介绍这些古玩，以及它们背后的故事。1996 年，他终于实现了心中的愿望，创办中华人民共和国第一家私人博物馆——观复博物馆，开始收藏中国古代艺术品，藏品包括陶瓷、古家具、玉器、漆器、金属器等。

马未都收藏的古玩宝贝现如今少说也有数千件，如果他要是只贪图名利，直接卖掉这些古玩，不仅能够赚到钱，更不用为了保养这些古董去投入大量的人力、财力，但是马未都却放下了这些名利心，他想保留下来的，不仅仅是古董本身，更是古董背后蕴藏的深厚的文化底蕴。

韩信

韩信，汉族，淮阴人，中国历史上杰出的军事家，与萧何、张良并列为汉初三杰。他是西汉开国功臣，正是他的骁勇善战，才让刘邦在和项羽的斗争中取得了绝对性的胜利。他也是刘邦心头最大的隐患，正所谓功高盖主，韩信的赫赫战功注定了他最终的悲剧。在历史上，韩信留下了众多历史典故，比如象棋和风筝的由来，都和韩信有关，但是最著名的就是“胯下之辱”。

关于“胯下之辱”，很多人都认为是因为当年的韩信穷困潦倒，胆小怕事，所以不敢真的伤害屠户的性命，但实际上韩信并非是胆小怕事，而是觉得因为这样一时的赌注，就要赔上屠户一条性命，这对于他而言是于心不忍的事情。在关键时刻，他放下的是自己的尊严，收获的却是一条鲜活的生命。尽管日后在战场上，韩信同样杀害了众多敌军，但是在非战场上，韩信却不轻言伤害一条性命，这才是真正的将军。

狄仁杰

狄仁杰，字怀英，唐代著名政治家。自从早年考中明经科之后，从汴州判佐一路升职到宰相，全靠着他不畏权贵、秉公办事的原则。但是他当了宰相没有多久之后，就被同僚诬陷，最终被贬值。当契丹之乱爆发之后，狄仁杰再度被启用，成为宰相。尽管经历过一次仕途上的波澜，但是却仍然没有改掉自己的为官原则，即便是面对武则天，他仍然能够做到直言进谏。

众所周知，武则天登上皇位之后，曾经一度想要废除掉李氏后人，正是狄仁杰站出来，力劝武则天立庐陵王李显为太子，这才保护了唐朝社稷得以延续。在大是大非面前，狄仁杰总是能够放下自身安危和前程。但是在个人事件上，狄仁杰却胸怀坦荡，宽容待人，无论是曾经陷害过他的同僚，还是在背后弹劾他的大臣，狄仁杰都并不介意，对于这些，哪怕武则天问他本人，他都胸怀坦荡。也正是这份坦荡，让他格外受到武则天的信任。

巴菲特

沃伦·巴菲特，全球著名的投资商，生于美国内布拉斯加州的奥马哈市。在 2008 年的《福布斯》排行榜上财富超过比尔盖茨，成为世界首富。巴菲特在开始走上投资这条道路时，经历了太多次的股市动荡，无论是曾经的股市动荡，还是后期的金融风暴，但是巴菲特却很少有在投资的时候失败的案例，这和他着眼未来、谨慎思考、果断投资有着很大的关系。

巴菲特在投资的时候，有着自己的一套投资观念，比如会长期观察一个公司的市场，比如将全部资金投资一个品牌，比如不轻易参与短期投资等等，但是仍然没有人能够真正学到巴菲特的投资精髓。

其实巴菲特之所以能够如此成功，除了他先进的投资理念之外，还有一点就是非常自信，当他决定投资某一个品牌，他就会坚定不移，并不因为外界而对自己的决策产生质疑。这也是非常关键的一点。

朱棣

明成祖朱棣，朱元璋第四个儿子，明朝第三位皇帝，在位 22 年，年号永乐。在位期间，名成祖朱棣下令迁都北京，五次亲征蒙古，收复交趾、东北设立奴儿干都司、西北设立哈密卫，巩固了南北边防，维护了中国版图的统一与完整。多次派郑和下西洋，加强了中外友好往来。编修《永乐大典》，疏浚大运河。这是明朝非常重要的一段时期，正是因为朱棣的治理，不仅稳固了政权，更是让经济有了一个非常大的提升，在历史上创造了“永乐盛世”。

然而在历史中，总会有一些流传下来的流言蜚语，关于朱棣，最主要的就是“迁都北京”的原因，甚至有人提出，是因为朱棣篡夺了帝位，所以夜不能寐，才有了迁都的决定。但实际上，真正决心迁都的人并非是始于朱棣，而是朱元璋本人。朱棣明知道自己决心迁都会在百姓心中，甚至在后人心中都会背上骂名，但是为了整个大明江山，朱棣毅然决然地迁都，彻底遵守父亲遗留下来的祖训——“天子守国门，君主死社稷。”

事实证明，朱棣的决定是正确的，尽管至今仍然有很多关于他“迁都北京”的流言蜚语，但是相信历史会还给他一个真正的清白。

莱特兄弟

莱特兄弟——奥维尔·莱特和威尔伯·莱特，著名的发明家，飞机的发明者。在 1903 年 12 月 17 日首次完成完全受控制、机体比空气重、附机载外部动力、持续滞空不落地的飞行，并因此成功发明了世界上第一架飞机。

莱特兄弟从小就对机械装配和飞行怀有浓厚的兴趣，长大后就从事自行车修理和制造行业。从那个时候开始，他们就决定要研究出一架能够载人飞行的飞行器。最终，经过了多年的努力，他们终于成功了。

但是在成功之后，莱特兄弟并没有因此而迷失自己的方向，反而更有动力，要研究出飞行时间更长、更高的飞行器。为了能够继续研究，他们拒绝外界任何因素的打扰。对于外界的褒奖，他们将此化为最直接的动力，但是外界的纷扰，却与他们无关。很多名人之所以能够取得如此成就，正是和他们淡泊名利分不开的。

爱因斯坦

阿尔伯特·爱因斯坦，德裔美国物理学家。相对论的奠基者，20 世纪最重要的物理学家。

1879 年，他在德国乌尔姆市的一个犹太人家庭出生。

1900 年，苏黎世联邦理工学院完成学业，加入瑞士国籍。

1905 年，在苏黎世大学哲学系获得了博士学位。并且在伯尔尼专利局任职，后又加入苏黎世联理工学院担任大学教授。

1913 年，返回德国，在柏林威廉皇帝物理研究所担任所长和柏林洪堡大学教授职务，并当选为普鲁士皇家科学院院士。

1933 年，爱因斯坦来到英国，被格拉斯哥大学授予荣誉法学博士学位。由于受到纳粹政权的迫害，脱离德国到美国，担任普林斯顿高等研究所教授，从事理论物理研究工作。

1940年写了一篇著名论文——“我不信仰一个人格化的神”。

1955年4月18日，病逝于普林斯顿。

爱因斯坦的一生对于科学的发展有着至关重要的贡献，他为核能的开发奠定了坚实的理论基础，并且对于现代科学技术都有非常大的深刻影响，被世界公认是继伽利略、牛顿以来最伟大的物理学家。面对这样高的荣誉和称赞，爱因斯坦并没有因为这一切而改变自己科学研究的初衷，更没有被巨大的经济利益所诱惑。这就是一个值得我们世人学习的榜样。

李白

李白，字太白，号青莲居士，唐代伟大的浪漫主义诗人，有“诗仙”之美誉。李白存世诗文千余篇，有《李太白集》传世。后人将李白和杜甫并称“李杜”。在他的诗作之中，风格清新俊逸，既能够反映了时代的繁荣景象，也揭露了统治阶级的腐败和黑暗，表现出一个文人蔑视权贵，反抗传统束缚，追求自由和理想的精神追求。

和很多文人一样，李白最初同样是走仕途之路。公元742年，李白被召至长安，供奉翰林，但是由于他无法容于权贵，短短两年半的时间，就被赐金放还而去。在此之后，李白远离仕途，成为一个真正的道士，过着飘荡四方的漫游生活。

李白有着很高的文学造诣，但是面对他无法苟同的环境，他更不愿意为了功名利禄去妥协，而是选择坚定自己的内心。

叶诗文

叶诗文，1996年3月1日生于浙江杭州，毕业于杭州陈经纶体育学校，是中国女子游泳队运动员。在2012年伦敦奥运会上，叶诗文在女子400米混合泳决赛中，以4分28秒43的成绩夺得冠军并打破世界纪录；随后，又在女子200米混合泳比赛中，两次打破奥运会纪录，创造了中国游泳个人单届获得两项奥运冠军的历史。那一年，她年仅16岁。

16岁的小姑娘，站在世界性的竞赛场上，却并没有被压力所击垮，这首先要归功于她强大的内心，其次就是她能够坦然地放下压力。放下压力，最重要的就是要自信，和看轻名次。自信——是相信自己的实力，即便是站在最高的竞技场上，也不会怯场；看轻名次——面对挑战，没有太多的功利心，内心自然就会平静，也就更能够发挥出自己最佳的水平。

放下压力，这并不是一句简单的话，更重要的就是在内心做好心理准备，尤其是家人的鼓励尤为重要。

王献之

王献之，字子敬，小名官奴，汉族，祖籍山东临沂，生于会稽（今浙江绍兴），王羲之第七子。他是东晋书法家、诗人、大臣，晋简文帝司马昱的驸马。

王献之三、四岁时，母亲就已经开始教他背诗背词，看书练字了。到他五、六岁时，就能够出口成章，顺口吟出几句诗了。

王献之自幼聪明好学，在书法上专攻草书、隶书，也擅长绘画。他自小跟随父亲练习书法，胸有大志，后期兼取张芝，敢于创新，别为一体。他书法众体皆精，尤以行草著名，不为其父所囿，为魏晋以来的今楷、今草作出了卓越贡献，在书法史上被誉为“小圣”，与其父并称为“二王”。只是由于唐太宗并不十分欣赏其作品，使得他的作品未像其父作品那样大量留存后世。

陆羽

陆羽，字鸿渐，汉族，复州竟陵（今湖北省天门市）人，中国唐代著名的茶文化家和鉴赏家。一名疾，字季疵，号竟陵子、桑苎翁、东冈子，又号“茶山御史”。

陆羽一生嗜茶，精于茶道，以著世界第一部茶叶专著——《茶经》而闻名于世，对中国和世界茶业发展作出了卓越贡献，被誉为“茶仙”，尊为“茶圣”，祀为“茶神”。

他也很善于写诗，但其诗作目前世上存留的并不多。他对茶叶有浓厚的兴趣长期实施调查研究，熟悉茶树栽培、育种和加工技术，并擅长品茗。

唐朝上元初年，陆羽隐居江南各地，撰《茶经》三卷，成为世界上第一部茶叶著。《全唐文》中撰载有《陆羽自传》。曾编写过《谑谈》三卷。

心灵修养用语微解

拼搏：指豁出性命，进行激烈的搏斗。比喻尽最大的力量，用自己的所有不顾一切地极度努力，去实现自己的目标。

角度：表示角的大小的量，通常用度或弧度来表示。也可用来比喻看事情的出发点。示例：几个人从几个角度攻击同一主题。

保持：保持并非是原封不动地保存头脑中识记过的材料的静态过程，而是一个富于变化的动态过程。这种变化表现在质和量两个方面。

毅力：意志力，是人们为达到预定的目标而自觉克服困难、努力实现的一种意志品质；毅力，是人的一种“心理忍耐力”，是一个人完成学习、工作、事业的“持久力”。当它与人的期望、目标结合起来后，它会发挥巨大的作用。

忘却：指不记得，忘记。唐代张籍《寄苏州白二十二使君》诗写道：“此处吟诗向山寺，知君忘却 曲江春。”后来忘却多半被衍伸成为一种内心的状态，是指将内心深处不好的、负面的情绪抛开的过程，更是一个人变成熟的重要标志。

坚决：指态度、主张、行动等确定不移。《史记·留侯世家》：“上欲废太子，立戚夫人子赵王如意。大臣多谏争，未能得坚决者也。”《新唐书·逆臣传中·朱泚》：“凤翔大将张廷芝、泾将段诚谏引溃兵三千自襄城来，泚自谓得人助，逆志坚决。”

放下：原本是指停止进行，或者是将物体从高处放到低处的动作。随着道家思想的演变，放下同样赋予了新的涵义——放下，并不仅仅是指行为上的放下，更重要的是在内心深处放下某些牵绊。放下，并不等于放弃，而是要将内心中过多的欲望放下，获得内心的平静。

胸怀：亦指胸襟，博大胸怀。古有《聊斋志异·促织》：“隐中胸怀。”汉朝王充在《论衡·别通》中写道：“故夫大人之胸怀非一，才高知大，故其於道术无所不包。”胸怀，是用天下之材、尽天下之利的气度，是包容异己的胸襟。当我们拥有了宽容的胸怀，自然就能够看待很多世间之事。

对峙：两山相对耸立。刘白羽《长江三峡》：山峡越来越狭，前面两山对峙，看去连一扇大门那么宽也没有，而门外完全是白雾。相对而立。郦道元《水经注·资水》：“县左右二冈对峙。”对抗；抗衡。黄鸿寿《开设资政院》：“院中议员以钦选、民选两部分组织而成，两造之分子，隐隐然若两党之对峙。”

等待：不行动，直到所期望的人或事出现。明·刘基《送医士贾思诚还浙东》诗之二：“还山须种千株杏，等待仙华道士来。”明·刘基《送医士贾思诚还浙东》诗之二：“还山须种千株杏，等待仙华道士来。”沈从文《萧萧》：“这件事情既经说明白，照乡下规矩，倒又像不甚么要紧，只等待处分，大家反而释然了。”柳青《铜墙铁壁》第十五章：“天晴了，山水也落了，部队在等待命令行动。”

友情：指慈悲之慈。相当于佛教用语“弥勒”一词，也就是我们常说的友情。在佛教之中，友情表示“无缘之慈悲”，无缘也就是无条件之意。无条件的友情，是佛教对“爱”之最高发挥。佛教之出世间即是超越血缘、地缘，出离家园与国家，超越骨肉血亲之爱，超越国别地域之爱，对所有人皆平等奉献无条件之友情，这就是所有佛教徒必备之条件。而在现如今，友情等于友谊，是指朋友之间珍贵的、不掺杂任何物质的情感。

感恩：即感谢，一种是指餐前、餐后对上帝表示感谢的一种仪式；另一种则是内心对生命、对生活的一种感激之情。《三国志·吴志·骆统传》中写道：“飨赐之日，可人人别进，问其燥湿，加以密意，诱谕使言，察其志趣，令皆感恩戴义，怀欲报之心。”可以说，感恩不仅仅是一种处世哲学，也是生活中的大智慧。一个智慧的人，不应该为自己没有的东西斤斤计较，更不应该一味索取和使自己的私欲膨胀，而是要学会感恩，为自己已有的而感恩，感谢生活给予你的一切。这样你才会有一个积极的人生观，才会有一种健康的心态。

洒脱：形容非常潇洒、豪放，无拘无束，举止或行动自然，不受拘束。《老残游记续集遗稿》第六回中写道：“我看逸云那人洒脱得很。”洒脱，是一种心胸，是一种态度，更是一种气魄，人生在世，短短数十寒暑，不过弹指一挥间，任何人都无一例外。所以人们才说生命是既短暂又宝贵的，然而却有许许多多的人，活得糊涂，活得无聊，活得烦恼。与其这样纠结地活一生，倒不如学道者洒脱！洒脱同样是一份心境，只有酝酿洒脱，才有“挥一挥衣袖，不带走一片云彩”的飘扬；只有解读洒脱，才有“天生我材必有用，千金散尽还复来”的自励；也只有拥有洒脱，才有“面朝大海，春暖花开”的情怀。

价值观：通常是指一个人对周围的客观事物（包括人、事、物）的意义、重要性的总评价和总看法。通常会有两方面的表象——一方面表现为价值取向、价值追求，凝结为一定的价值目标；另一方面则是价值尺度和准则，成为人们判断价值事物有无价值及价值大小的评价标准。一般来说，价值观通常具有一定的稳定性，但同样也会受到环境、社会和群体的价值观的影响。

合作共赢：指交易双方或共事双方或多方在完成一项交易活动或共担一项任务的过程中互惠互利、相得益彰，能够实现双方或多方的共同收益。例句：这次“广交会”为世界各国的贸易商们真正搭建了一个合作共赢的良好平台。

淡泊名利：淡：指不重视；泊：古代停船叫泊。淡泊名利，是指“名利于我如浮云”的意思。淡泊并不是力不能及的无奈，也不是心满意足的自赏，更不是碌碌无为的哀叹，而是超脱世俗的诱惑和困扰，实实在在地对待一切，用豁达客观的心态去看生活，从而达到内心的平静。

世上无难事：天下没有难事。出处：宋·陈元靓《事林广记》第九卷：“世上无难事，人心自不坚。”示例：世上无难事，只要肯登攀。

塞翁失马，焉知非福：通常是比喻虽然受到了一时损失，但却因此能得到好处。也指坏事在一定条件下可变为好事。主要是形容人的心态要乐观向上，世界上任何事情都有二面性。《镜花缘》第七回中写道：“处士有志未遂，甚为可惜，然塞翁失马，安知非福？”鲁迅在《呐喊·阿Q正传》中写道：“但真所谓‘塞翁失马安知非福’罢，阿Q不幸而赢了一回，他倒几乎失败了。”